Endemic Birds of Formosa

島嶼・鳥嶼

劉伯樂

前

言

在地球的紀事裡，島嶼歷經五百萬年分與捨的掙扎，離開大陸塊也已經是一萬年前的事了。遠在人類無法想像的長時間裡，島嶼體驗了冰河和火山的淬鍊，以及海升又陸沉的洗禮，在兩大板塊黏合處浮出海面。一邊有「六死三留一回頭」的黑水溝，另一邊又有地表上最深的馬里亞納海溝。臺灣天生就是一個孤島的命運。幾百萬年以來，島嶼上的生物在無情的演化機制下，能適應的適應了，該淘汰的也淘汰了。想留的留下來，要走的也走絕了。剩下我們這些無助的生物和無生物，在無法改變的環境中唇齒相依，自然而然的存活在一起。

從民智未開的年代，島嶼臺灣一直是可望而不可即的「海外仙山」或「蓬萊仙島」。直到十六世紀大航海時代，有人從海上遙望，即興說出一句：「福爾摩沙！」從此引來大批野心家，像是一群惡鯊，在島嶼外徘徊覬覦，從島嶼內豪奪搜刮。舉凡獸皮、木材、樟腦、硫磺、煤礦……紛紛外流。引進了官兵、盜匪，英雄、讎寇……諸多人事紛擾。島嶼變得十分不「自然」。島人也只好強顏歡笑，自稱「臺灣是寶島」自娛而娛人。

另有一批野鳥原住民，牠們在臺灣自然環境與人文之間的夾縫中勉強生存。面對著愈來愈文明的人類社會，和愈來愈失衡的自然環境，這些被譽為恐龍後代的野鳥們，沒有怨懟也不會抗爭。牠們無援無助只能逆來順受；走投無路也能接受「瀕危」的通告，等待滅絕的命運。所幸五十年代以後島嶼上的人，開始關注有關自然環境的倫理問題。臺灣野鳥處境就像是倒吃甘蔗一樣漸入佳境。

以捕捉野鳥維生的產業似乎都已經慢慢式微了。許多曾經是稀有鳥類，像是五色鳥、黑冠麻鷺、金背鳩、臺灣藍鵲……，已經堂而皇之的在公園裡覓食散步。家燕、麻雀、白頭翁、綠繡眼……，都理所當然的飛入尋常百姓家，在人家屋簷、陽台上築巢。七隻埃及聖䴉逃出了鳥園的小牢籠，仍然逃不出島嶼環境的大牢籠。牠們迷失了返鄉的路，卻發現了野鳥新樂園。因為島嶼環境優渥，落地生根以後迅速繁殖，好幾代的子子孫孫早已遍布全島。外來野鳥的種類數量愈來愈多，甚至威脅到本土鳥類的生存空間。

愈來愈多的境外野鳥也喜歡臺灣的環境，願意以島嶼為家繁殖後代。高蹺鴴，花嘴鴨……等流浪鳥族，終於也在島嶼找到了流奶與蜜的應許之地，成為臺灣的新住民。

最近，有關臺灣特有種、特有亞種的分類、命名、保護爭議不斷。方家們各有所本，各持己見。所幸最後終於塵埃落定，臺灣總共有 32 特有種鳥

類，可供我用書寫和繪圖的方式向世界展示。只不過已經習慣稱呼的野鳥名稱，一時間還是無法適應援用。既是俗名就讓我們約定俗成吧。

我是一個以野鳥題材寫作和繪畫的工作者。從野外觀察、攝影，記錄野鳥行為和生態，有關野鳥的食衣住行、生活環境，以及野鳥與人文互動關係，在在都要親身體驗和眼見為憑。錙銖所得都是寫作、繪圖的依據。雖然這種非正統的田野觀察，終究難免失之於個人主觀偏見，也難登學術之大雅殿堂。不過，本書在畫寫之間，我用尋常百姓的眼光，從我們生活的周遭多看一眼。用野人獻曝的想法，在多元的自然社會裡多想一下。畫畫寫寫只是想告訴喜好自然的人們，毋需遠赴法布爾家鄉取經，不用去大峽谷驚嘆，更不用哆嗦著去南北極探索。也要勸告喜歡藝術的同好朋友，不用到羅浮宮在名畫前面流淚感動。只要稍加用心顧盼，在島嶼中，在我們身旁、腳下，自然而然就有無限驚奇和美感可以追尋。

至於臺灣特有種鳥類需不需要特別保護？外來野鳥能不能禁絕？我願意引用生物生態保育學者安卓‧杜布森 (Andrew Dobson) 對生物多樣性的看法。他從日常居家生活中一再提醒自己：「……人的多元化和動、植物的多樣性一樣重要。」

帝雉

鳥友推薦阿里山一個叫做小笠原的地方，可以觀賞國寶鳥，聽說那裡有不怕人的帝雉，可以很容易拍照。只不過秋冬之際，天氣一直很不穩定。出發時正逢陰雨，台21線往塔塔加阿里山方向一片濃霧。約好要一起去攝影的友人，因為天候「乍暖還寒，最難將息」的理由，紛紛打消上山的行程。

記得從前上水彩課的時候，老師要帶隊去戶外寫生，忽然颳起了風下著雨，同學們都面有難色不願離開教室。老師笑著說：「有陽光畫光景；颳風畫風景；下雨就畫雨景。」雖說是俏皮話，卻也一語道破同學們懶惰的藉口。想要攝影野鳥生態，捕捉自然靈光，為何要在意天候的變化？欣賞雨中即景也不錯啊！

新中橫峰迴路轉。玉山，這個肯定而明確的地標，卻總是在霧中忽隱幽明，有時出現在公路的左邊，有時又出現在右邊，讓前途增加了模糊的不確定性。想起了一位文學家的名言：「當你迷失了方位，不要忘了雙腳所踏的地方，就是你的故鄉。」雖然行車五里迷霧中，雲深不知處，但是我堅定的相信，自己是站在故鄉兩大山脈中間的雲海裡，還慶幸可以享受霧裡那種不清不楚的美感。

也不知道在迷航中沉醉了多久。經過了一個隧道以後，突然雲消霧散，眼前豁然開朗，出現一片滿綴著嫣紅的櫻花樹林，不但有藍天白雲還有和煦的陽光，彷彿進入了另一個時空世界裡。

山櫻正逢盛開季節，不但花開滿樹，地上落花也鋪滿一片錦織花毯。一群
一群山鳥們輪番飛來採蜜，白耳畫眉、冠羽畫眉、黃山雀……，各自占據
一叢花簇，上尋下探，瘋狂的使出十八般採花特技。飽足之後，不足，又
換另一叢。

熊鷹張開翅膀，悠閒的在空中盤旋。難得一見的小貓頭鷹，也飛上枝頭。
黃喉貂、山羌輪番出來曬太陽，獼猴群不懼生人，懶洋洋的蹲在公路護欄
上互相梳理毛髮……。

平凡而自然的喜悅在偏山的角落裡，在天有不測的風雲中，在東山飄雨
的西山裡，在無人聞問，遺世獨立的小世界裡，也在無所志懷，孤獨的
行旅中。

小笠原是此行最終目標。

「小笠原」這個地名頗負有日本味。經查史料果然是以日本技師「小笠原富二郎」之名命名。後來經林務局經營成爲一個欣賞日出的風景區。因爲有森林又有短草坡，緯度氣候也適中，適合中高海拔鳥類生長。園區內，成群肥嘟嘟的「野生」帝雉悠哉游哉氣定神閒，像是家裡後院養的雞群一樣，徜徉在步道和建築物四周，等著讓遊客欣賞。偶爾還會亦步亦趨跟著遊客腳步，巴望著遊客們「遺漏」下來的食物。

「小笠原」成爲賞鳥人的「最高境界」。只可惜因爲天候不佳，今天來看國寶鳥的遊客並不多。不過，可以近距離拍攝國寶鳥，除了驚艷之外隱約也有著一絲不協調的感覺。園區裡的工作人員看到手持長鏡頭的遊客，總會特別關心並溫馨叮嚀提醒不要餵食野鳥。可能是拍鳥的人爲了讓野鳥更加靠近，導致餵食野鳥在這裡已經變得相當普遍。

2

藍腹鷳

話說那年大二的寒假，我和幾位同學，揹著寫生畫袋，搭上了公路局巴士抵達大禹嶺，計畫徒步上合歡山。大約傍晚時候抵達松雪樓。

原本打算在松雪樓隨便找個地方過個夜，誰知道管理人員硬是不肯收留，只說入夜以後的氣溫會凍死人，要我們趕緊下山。問題是，當時已經沒有任何交通工具下山。一行人走投無路，像是被遺棄的孤兒一樣。

既然此處不留人，於是大伙兒決定夜遊行軍。從合歡山翻越武嶺再摸黑走到翠峰。當時確實也只有這個辦法可行。

沿著霧社支線摸黑前進。黑暗中忽隱幽明看到了一點微弱的燈光。大家精神一振，不由得加快了腳步。燈光從路邊一間黑漆漆的建築物裡發出，屋內好像有人在燼火取暖。

一個面無表情體型粗壯的男人，出來打量一下就要我們進去，和大家圍著火堆一起取暖，並從桌子底下拿出一瓶酒，豪爽的說「喝酒！」

原來這裡是臨時編制的派出所，粗壯男人是原住民警員，其他人是施工的工班。我們說明了來由之後，警員說：

「要不要吃雞？」

哪有那麼好的事？有酒喝，可以烤火，還有雞肉可吃？只見他掀開一個大炒菜鍋，一鍋已經結凍的東西，大概就是雞肉了。煨熱了以後，大家分著下酒吃了。不知道是不是肚子餓的原因，我真的無法形容那些雞肉的美味。

「請問是甚麼雞？」我客氣的問。

「山雞——！」員警從地上拾起一根白色長羽毛遞給我，仍是面無表情。
我順手把雞毛插在帽套上。

吃完了雞，看看並沒有收留我們過夜的意思，大家也只好繼續上路。

大約凌晨才抵達翠峰。也是運氣好，在這鳥不生蛋的山區，三更半夜竟然

還開著一間小吃店？店老闆是個退伍老兵，正送走一批在店裡酒醉，徹夜胡鬧的工人。看到我們一群像鬼一樣狼狽的學生，竟然也熱情的招待，煮大鍋麵讓我們吃。知道我們沒地方住宿，還打開一間大通鋪免費住宿。

第二天早上，老闆看到我帽子上插著羽毛，我說是昨晚吃的山雞羽毛。老闆帶我去店裡的後院，層層堆放一排鐵絲籠，籠裡有飛鼠，有蛇，有竹雞……也有些不認識的鳥禽之類，都是店裡待價而沽的山產野味。我看到鐵籠底層，一隻長尾巴有紅腳又有紅臉頰的雉雞，驚恐的在籠中來回移步轉動，想找出空隙鑽出來。老闆說，你們昨晚吃的就是這種山雞。我覺得不對啊？籠中雉雞並沒有白色羽毛？

「這是母雞，公雞和母雞顏色不一樣。」
「本來是一對的……，昨天有工人來要走了公雞……」

原來，昨晚那好吃的山雞肉，就是籠中這隻雉雞的……配偶？我頭上插著的白色羽毛，不就是這一對山雞的定情物？

事隔多年才知道當年吃的山雞原來是藍腹鷴。不但美麗、稀有，還是臺灣特有種鳥類。

四十多年以來，臺灣人生活水準提升，對於環境野鳥保護也有了自主性的較正面的認知，人們不再以狩獵維生，不再以漁獵嗜食野味為樂，不再以「天生萬物以養人」為藉口，逐漸培養出仁人愛物的自然美德。

3

深山竹雞

有一陣子，臺灣農業頻頻向高山發展，高冷蔬菜、高山茶、高山水果……，好像愈高山的就愈好。但是山區水源缺乏，水量也很不穩定。附近開發的茶園、果園、農場、民宿……，在在都需要用水。好不容易在深山溪壑中找到一處水源，大家一起出資架設水管，再分流到各自需要的地方。每個用水的單位，也都要負起維修的責任，分配人員輪班巡水管，定期維修保養，以確保供水不斷。

發哥經營的農場也是水源的給受戶，理所當然也必須輪值擔任巡水員。

巡水是一件辛苦的勞務，必須放下一整天手邊的工作，攜帶必要的工具，沿途披荊斬棘，清除倒木和土石以維持水路暢通。令人不解的是，發哥每次進入水管路，除了攜帶水管、鐵絲和必要維修工具之外，還堅持要帶著相機、長鏡頭和沉重的三腳架，這些看起來和巡水路毫不相關的「工具」。

原來發哥也是野鳥攝影的愛好者。農場工作暇餘時間，也以攝影當作業餘消遣。農場位於二千六百公尺中海拔高度，屬於溫帶氣候型森林地帶，加上果園開發，增加了野鳥食物來源，使得農場附近野鳥種類眾多。鳥類攝影也成為發哥日常生活中不可或缺的嗜好。帝雉、藍腹鷳……等，中海拔稀有鳥類，都是他相機的囊中物，作品也常得到各類獎項，是鳥類攝影者羨慕的對象。只不過眾多野鳥作品當中，獨缺深山竹雞，這也是發哥帶相機巡水的原因。

發哥種甜柿的山上農場，每晨昏總會聽到深山竹雞的叫聲。研判聲音出處只在此山中，就在農場背靠著的密林深處的水源地附近。叫聲持久嘹亮又高亢，但總是藏頭不露尾。深山竹雞只聞其聲不見蹤影。

有一天，發哥照例巡查水管，發現水源處有沙坑，有雉科鳥類的羽毛和排遺，判定這裡可能是深山竹雞經常出沒的地點。發哥先清理水源處的樹枝雜草，完成例行巡水工作以後，開始布置一個可以藏身又可以拍攝竹雞的場所。他知道雉科鳥類都喜歡在日光下做「沙浴」的特殊癖好，還特地開闢一處空地，當作深山竹雞的浴室。

從此以後發哥巡水工作總是比別人還勤快，除了修水管工具外，帶著沉重的攝影器材。甚至還自願擔任永久職的巡水員義工。

沒多久，珍貴稀有的深山竹雞照片，躍然刊登在賞鳥雜誌上。一幀幀絕無僅有的深山竹雞生活照，羨煞了多少鳥類攝影痴們，發哥也以獨家拍攝深山竹雞聞名江湖。

好景不常，不久大雪山區也傳出了深山竹雞的消息。因為有人經常餵食，一些稀有的中海拔雉科鳥類，都堂而皇之的出現在大馬路上供人拍照。深山竹雞行跡也不再隱密，反倒像是攔路的惡霸一樣，橫行於過往的人車之間。高風亮節的深山隱士，從此淪為街頭流浪漢。

深山竹雞

雄腳有沒有足距？

4

竹
雞

徐大哥來電，說他在果樹下除草，揮動除草機時不小心打到一隻雞，再撥開草叢，竟然發現一窩雞蛋？

退休隱居在魚池種茶的阿九，也來電問我：

「這是甚麼鳥叫聲？」電話筒裡傳來「雞狗乖─雞狗乖─」的聲音。

「是竹雞。」我回答。

「吵死了！」他說：「每天一直叫，一直叫。就在茶園裡，看不到，趕不走也抓不著。」

住在東勢的阿貴兄也來電問我：

「竹雞是不是保育鳥類？可不可以飼養？」他說有人送他一對竹雞。

「要怎麼養？給甚麼飼料？」

那個時代問這問題是很奇怪的，住在山上的人家抓到了甚麼，能養的就養，不能養就吃掉，誰在乎甚麼是保育類？可是時代不同了，阿貴聽說鄰居養了一隻奇怪的鳥，結果被舉發，還上了法院判罰款。

竹雞是常見的雉科鳥類，也是臺灣特有種鳥類。

有一次，我揹著相機在林道上漫步。在山區林道的轉彎處，我看見一群竹雞正在沙坑上享受日光浴。這真是一個難得一見的場面。

竹雞是害羞的野鳥。通常五到七隻在箭竹林或密草叢裡，過著小群體生活。一般人都認爲竹雞既不是雞又不是鳥，不具有食用和觀賞價值。竹雞成群大約七隻，這七隻竹雞蹲踞在沙坑上窩成一團，時而瞇起眼睛怡然自得；時而喞喞細語相互磨蹭。和煦陽光透過扶疏枝葉，斑斑駁駁的光影灑在地上，粗俗野鳥在自然環境裡看起來竟是這麼雍容華貴。我不忍心因爲攝影的動作或聲響，干擾這一群竹雞，於是緩緩蹲下然後趴在地上，盡可能讓自己看起來不像是一個「人樣」。

慢慢從身體裡感覺到來自土地裡的溫暖，同時接收到一些微妙訊息：金龜子幼蟲在土裡蠕動，地鼠在不遠處翻土。枯葉堆裡有一個奇怪的蛾蛹，地衣岩石上有藍色石龍子和冒充枯葉的蝴蝶。地面上禾草子實蠢蠢欲動，草葉上滴滴露水在陽光下顯得晶瑩剔透。空氣中聞到了花香味、椿象的臭味和腐熟水果的味道。紫蛇目蝶也聞香而來，細細品嚐一粒爛熟的榕果。聽到了青楓翅果翩然落下和酢漿草彈射果實的聲音。還有新芽冒出來了、空氣流動著、葉子簌簌飄落、茶蠶蛾大啃大嚼的聲音……。

看似安靜祥和的世界也隱含著令人不安的氣氛。樹林裡枝葉婆娑搖曳，其實是一場爭奪生存權的殊死戰；攀木蜥蜴正虎視眈眈凝視著一隻蜚蠊；人面蜘蛛滿腹心機，勤奮地葺補牠的羅網；白痣珈蟌猴急似的捍衛牠的地盤；岩石後面草叢裡，更不時傳來窸窸窣窣，讓人忐忑的聲響……。

竹雞似乎也察覺到了危險的氣息，帶頭的緩緩站了起來，依照長幼齒序，一隻接著一隻鑽進路旁箭竹林裡。

「一，二，三，四，五，六……」我數了一數，「咦？怎麼少了一隻？」

第六隻竹雞臨走前在竹林邊緣停了下來，回頭疑惑的望著我，好像聽到牠不耐煩嘀咕著說：「你怎麼還不跟上來？」原來我已經成為牠們的第七隻竹雞。

短暫天人交會讓我脫胎換骨，彷彿經歷了百萬年進化淬鍊一樣。原來只要拿掉人類的優越感，用自然的身心去體會自然，就算是一隻粗暴恐龍也可以演化成溫馴的鳥類。

林道邂逅並沒有留下任何彌足珍貴的生態照片。不過，在我心中烙印著一段至真、至善、至美的生態生命藝術，是永遠無法用影像的切片或畫筆描繪來取代的。

5

紋翼畫眉

在阿里山沼平公園裡，第一次見到這種臺灣特有的畫眉科鳥類。

紋翼畫眉是生活在臺灣中、高海拔的野鳥。為了野鳥生態繪圖，必須親自拍攝這種稀有的鳥類，藉著拍攝過程，可以觀察牠們的生活習性和生態環境。於是不遠千里來到阿里山，夜宿賓館。聽說附近公園裡，就可以輕易看到紋翼畫眉。

三月間阿里山櫻花正盛開。大清早各種中海拔常見的野鳥，冠羽畫眉、白耳畫眉、青背山雀、栗背林鴝、黃腹琉璃……，都來櫻花樹上報到。有的成群結隊，有的形孤影隻，有的訪花汲蜜，捕捉飛蟲各取所需。攝影者張東望西，常顧此失彼忙不暇給。就是不見心目中想要拍攝的紋翼畫眉。

終於在公園步道旁，一排開滿紅花的貼梗海棠上，看到了一群紋翼畫眉。牠們無聲無息，自顧忙著吸食花蜜，竟全然不在乎獵影者貪婪的眼光，和冰冷相機無情的盯梢。

難得有機會可以近距離仔細觀察，我發現牠們腳趾非常粗壯有力，圓短型翅膀，飛行顯得笨拙，行為都具備「畫眉鳥」的特徵。只不過沒有明顯的眉斑，看不出「畫眉」的鳥樣子。倒是身體和尾羽表面，有相當明顯的深色橫斑紋。

野外求得的野鳥知識，並不足以當作生態繪畫的參考，只好求助標本。

聽說博物館裡有收藏臺灣野鳥標本。我透過鳥友聯繫才能特許申請進入。滿懷期待可以看到這種臺灣特有鳥類的標本。通過調借手續以後，看到的卻只是一隻乾扁的鳥屍體？鳥腳上掛著發黃的吊牌，吊牌上有鋼筆手寫著拉丁文、日文標示檔案的字型。和想像中的標本真有天壤之別。工作人員

還仔細叮嚀:「有毒,不能用手碰觸!」

早期標本都是用劇毒砒霜當作防腐劑,用手觸摸危險。只好用相機拍攝,用眼觀察,再用畫筆簡單描繪,用文字註記,簡單描繪紋翼畫眉外型的生態特徵。

和其他畫眉鳥一樣,紋翼畫眉的腳趾爪特別粗壯鋒利,感覺強而有力。牠們需要有強壯的趾爪在灌木叢裡方便抓取,跳躍。至於,翅膀是否圓短型不利長途飛行?因為「有毒,不可碰觸!」所以沒有觀察心得。

檢視標本對野鳥生態畫者也是大有幫助。可以近距離觀察細微的生態特徵,是田野觀察無法做到的。我想起中古時期歐洲野鳥畫家,也都只是取材標本,才能繪製包含世界各地的野鳥圖鑑。標本雖然可以提供野鳥細微的外型特徵,但更需要佐以野外野鳥生態觀察。所以田野觀察是不可或缺的一環。

多年以後,聽說中部某森林遊樂區裡有很多紋翼畫眉。親臨現場鳥況果然是令人目不暇給。園區裡種植許多俗稱狀元紅的臺灣火辣木。嗜食美味水果的紋翼畫眉,都不在乎吃相難看,爭相前來覓食。欣賞觀察野生紋翼畫眉,一次就飽足了。

6

白
耳
畫
眉

有一次，我在大屯山區一處偏遠公園的停車場，聽到了不應該聽到的鳥叫聲。聲音清晰可辨，是從不遠的針葉樹林裡傳出。確實是白耳畫眉獨特的鳴叫聲。北部大屯、七星山區並沒有白耳畫眉分布的紀錄，懷疑是籠中逃亡逸出的流浪鳥。

同樣在住家頂樓工作室，從窗外樹林裡傳來白耳畫眉的聲音。

「怎麼可能？」

我很清楚白耳畫眉的生活習性，這種臺灣特有的畫眉科鳥類，只生活在中海拔闊針葉林的環境中。而我住的地方是在北部大屯山山麓，屬於低海拔闊葉林區。附近雖有雜木林小山丘，也有小公園樹林。但是這樣的環境，還是不可能有白耳畫眉生存。可是……

「呼咿—呼咿—呼咿—呦」

聲音很容易辨認，叫聲清晰而且就在近左，確定是白耳畫眉沒錯。想當然又是一隻被人飼養逃出鳥籠，在人類社區裡流浪的「亡命野鳥」。

我小心走到窗邊向外搜尋，只見一個鳥影停在頂樓女牆上。是一隻羽毛凌亂，看起來有點狼狽的鳥，但確定是白耳畫眉。

畫眉科鳥類翅膀圓短，不善於長途飛行，在特定的領域範圍裡，以果實、花蜜和捕捉昆蟲為食。過著小群體生活。常常藉著聲音彼此招喚，互通聲氣。然而這隻亡命之鳥，孤獨的出現在人類社區裡。在一個陌生的環境中，吃甚麼？住哪裡？都成問題。又沒有同類互相照應，偶爾發出獨特尖銳的叫聲尋找同伴，聲聲呼喚，聲聲悲切，可是永遠得不到回應。到處汽車引

擎聲、喇叭聲、人聲……。不熟悉自己生活的處境，不懂得安身立命，也不知道危險在哪裡？可憐的白耳畫眉，好不容易脫離了小牢籠，不幸又陷入自然環境的大牢籠裡，過著杯弓蛇影的生活。

有一天，我對著窗正專心繪圖工作。忽然傳來一聲巨響，「碰——」是撞擊玻璃的聲音。滿懷狐疑出門查看，窗外並無任何異狀？卻發現窗戶下花草叢中，有一團毛茸茸的東西，還瞪著兩只圓滾滾的大眼睛望著我。看起來像是一隻……甚麼……鷹？

「怎麼會呢？究竟出了什麼事呢？」

正想伸出手去探個究竟，那隻「鷹」模樣的東西，突然劈里啪啦衝出來飛

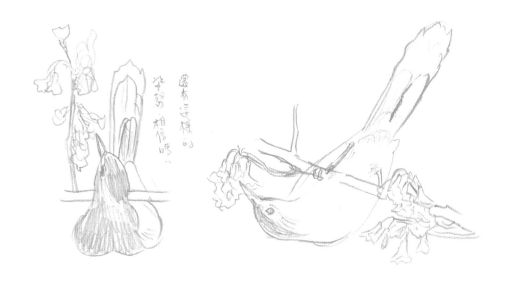

走了。魂驚未定又聽到牆角落木材堆裡有異聲，好奇伸手撥開木頭，一隻驚恐的白耳畫眉曲蜷在材堆裡。正想著發生了甚麼事的時候，白耳畫眉竟然也劈里啪啦，狼狽的衝出木材堆。

為了還原事件的始末，我拼湊起相關片段。

當天我在窗台上放一些水果，但白耳畫眉似乎不感興趣，只是呆呆的望著玻璃窗若有所思。原來玻璃窗上正映著自己的影像，白耳畫眉以為找到了同伴，痴痴的望著玻璃，希望得到同伴的回應，並沒有察覺背後的狀況，被一隻飢餓的鳳頭蒼鷹發現了。獵鷹趁機俯衝捕捉獵物。正在千鈞一髮之際，白耳畫眉驚覺危險竄進柴堆裡躲過一劫，而鳳頭蒼鷹卻一頭撞上玻璃。

從此，頂樓上再也見不到白耳畫眉，也聽不到牠的叫聲了。

7

藪鳥

黃

稍紅

金黃

黃

藪鳥是中高海拔常見的野鳥，也是聒噪的野鳥。拍攝野鳥的經驗中，讓我感覺藪鳥是個討人厭的鳥傢伙。

明明知道牠是特有種鳥類，也知道牠們是常見的山區野鳥。常常聽到牠們的鳴叫聲，就在四周近左的草叢裡。但是藪鳥本尊卻始終躲躲藏藏見首不見尾。偶爾跳出空曠地方，也只是驚鴻一瞥。有心想要拍照，卻始終無法順利捕捉對焦攝影。

野外攝影，常常露宿營帳或睡車上，隔天一早，總是被雜亂無音律的「嘎嘎」聲給吵醒。藪鳥圍繞在營地旁邊，吵著要營帳裡面的人快起來。好像知道有人煙的地方一定會有食物可尋。可是只要有人出現，藪鳥群就一哄而散躲得無影無蹤。接著又會在草叢深處叫個不停。從無數次拍攝藪鳥失敗的經驗，讓我想到了自然環境中的野鳥，是否和「人」或「人的行為」有什麼關聯？

根據研究生態環境的鳥友告知，鶲科鳥類和人類生活環境有密切關聯。白頭翁、烏頭翁和紅嘴黑鵯會集結在人類生活聚落的周邊。原因是人類居住的地方，肯定有菜園、果園和花園，這些農藝行為，也會附帶提供昆蟲、蔬果……等，鶲科鳥類愛吃的食物。然而，藪鳥是否也喜歡和人類一起生活呢？

雖說臺灣中海拔山區人煙稀少，但是愈來愈多的農場、聚落、工作站、工寮和所謂的「生態園區」產生，人文活動也相當頻繁。有人居住的地

藪鳥
2023, 9, 27

方一定有廚房和廁所，也肯定有廚餘和水肥處理的問題。是的，想要拍攝藪鳥，先考慮哪裡有人居住？廚房、廁所在哪裡？廚餘垃圾堆放在哪裡？藪鳥就在那裡任人拍照。

愛賞鳥或愛拍鳥的人都知道，中部一個著名的「生態遊樂區」，可以很輕易看到神祕的紋翼畫眉和藪鳥。不過傳言中，必須在園區裡臺灣火辣木（俗稱狀元紅）果實紅透了的季節，野鳥曝光機率特別高。

我依指示，來到園區的花卉中心，可惜來晚了，狀元紅果實已經過時，恐怕要等到明年再來。我心有不甘，試著尋找另一種拍藪鳥的可能性。

經營生態園區，目的不外是吸引遊客前來駐足觀光，有觀光客就一定有餐廳。所謂的花卉中心建築體緊挨著溪畔，溫室裡並沒有養著甚麼好「花」，倒是附屬著一個大餐廳。溪邊隔著欄杆更設有戶外用餐區，用意是讓遊客邊吃邊欣賞山光水色，好營造一個優雅的生態旅遊行程。可是愛拍鳥的人志不在此，我留意到餐廳廚房，以及戶外用餐區下方溪床上的水草長得特別豐腴茂盛，附近草叢裡「嘰嘰嘎嘎」藪鳥聲不斷。不一會兒，就有藪鳥飛出來，站在欄杆上張望，還會飛到外食區餐桌下，爭奪美味的垃圾食物。拍攝藪鳥得來全不費工夫，只不過取景要小心避開垃圾，別讓美美的生態攝影，沾染了垃圾的臭名。

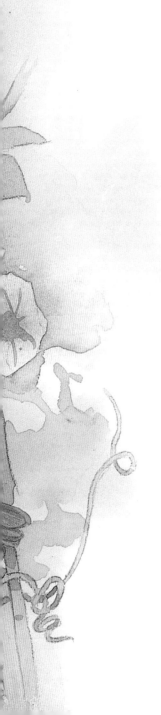

8

繡眼畫眉

繡眼畫眉

行走在山林步道中，常常可以聽到繡眼畫眉的警戒聲。作風行事低調的繡眼畫眉，小群體生活在濃密的樹叢裡，遠離人煙也不喜歡被打擾。一旦發現有危險靠近，就會發出聲音警告同伴們要提高警覺。

北部七星山旁邊箭竹林中，有一座神祕的小山丘。有人說是古代原住民建造的金字塔，更有人說是外星人的基地？眾說紛紜還愈描愈黑。只不過官方說法比較保守，都一口認定山丘絕對不是人造建築的甚麼「塔」。不過，仍然有不少好奇的民眾，禁不起「金字塔」傳說的誘惑，開山闢路前往朝聖。

好幾次去七星山，免不了順路去探訪這神祕的金字塔，好幾次找不到，也有好幾次找到了，下山時卻迷路了。七星山金字塔總是在虛無飄渺間，讓人無可捉摸。

有一次，我剛從塔上拍照大屯杜鵑，剛下來石堆正想尋路下山。旁邊箭竹林裡傳來「戚戚嚓嚓」尋路撥草的聲音。一時間以為是野豬出現，正擔心無處可以躲避的時候，一個滿身大汗，臉上都是草葉，狀極狼狽的年輕人，手上只握著一瓶礦泉水，從箭竹林裡蹦跳了出來，剛好面對著我，兩人都同時嚇了一跳。我正想問下山的路怎麼走，年輕人反而先開口：

「請問，金字塔在哪裡？要怎麼去？」

「這裡就是了啊，我後面就是金字塔了。」我還教他要從北面牆攀繩索登頂上去。

「你是……？從哪裡來的？也是來朝拜的？有感應嗎？」年輕人面露驚喜的表情。

「甚麼朝拜？感應甚麼……？」我不解地問。

「我是受到感應，被召換來的……」年輕人語出驚人，接著又說：

「是被一隻鳥引導過來的……。」

終於找到金字塔，年輕人似乎很興奮。

「……祖先是外星人，受到感應要來金字塔和他們溝通……。」

「在胡說甚麼嘛……？」

我曾多次來訪，也在塔頂上坐了半天，除了視野開闊身心舒暢以外，一點甚麼感應也沒有。但是聽到年輕人說到被一隻鳥引導？倒是感到興趣。

「甚麼鳥？怎麼引導？」

原來年輕人從東峰走過來就在箭竹林中迷路了。只聽到一種鳥叫聲，直覺是引路的鳥。於是跟隨著鳥聲，在濃密的箭竹林裡撥草尋路前進，終於找到金字塔也遇到了我。

「就是這種鳥叫聲……」

他指著竹叢裡唧唧喳喳的鳥聲。我認得出是繡眼畫眉警戒的聲音。

年輕人發覺我不是他們同類，無異雞同鴨講。說了再見，踅個彎攀登金字塔頂，如願和外星人祖先相見歡去了。留下我對繡眼畫眉感到無限遐想。

繡眼畫眉被歸爲臺灣特有種野鳥。牠們沒有華麗的外型和色彩，並不珍貴

也不稀有，其實也還算是常見的野鳥。只不過牠們生性隱密，常常只聽到聲音，見不到鳥影，就算見到了也引不起人們的注意。一般人眼中鳥不生蛋的地方，就是繡眼畫眉喜愛活動的地方。

行走郊山步道間，偶爾聽到「唧－唧－唧」鳥鳴聲，一般都是繡眼畫眉發出的警戒聲，意味著我闖進了牠們的領域。通常我也只會默默說聲「對不起，打擾了」，絕不會鳥迷心竅，認為繡眼畫眉是在為我帶路。

從金字塔下方，沿著模糊的箭竹林小徑摸索下山。因為陡下又濕滑，不時要抓住兩旁的箭竹來固定腳步以免滑倒。突然「噗－」一聲，一個灰撲撲的鳥影衝出來。是一隻受驚嚇的繡眼畫眉，還三番兩次作勢撲向我，有攻擊威嚇的意圖。依照我的野鳥經驗，附近一定有鳥窩。果然在旁邊箭竹上，看到一個芒草和竹葉編織成壘球大小的鳥窩。我好奇地撥開竹葉，發現裡面有四隻張牙咧嘴，醜陋又不停顫抖的小異形。

或許繡眼畫眉真的和外星人有關聯？

9

臺灣畫眉

台灣畫眉　噪眉科

我形容大彎嘴和小彎嘴是賊頭賊腦，其實臺灣畫眉的行為也好不了多少，同樣見首不見尾。同是畫眉家族的鳥類，除了載好其音擁有金嗓之外，行為總都是鬼鬼祟祟。

用人類的行為標準來形容野鳥，當然是很不恰當的。但是以愛鳥、尋鳥、拍鳥的經驗，說畫眉鳥鬼鬼祟祟，自是恰如其分。

有一位和我一樣痴迷拍攝野鳥的同好說，他在野外還沒見過臺灣畫眉。

中國古代官場裡有「畫眉之樂」的說法，是夫妻感情狎暱幸福的形容詞，據說畫眉的行為還是中國四大風流韻事之一。不過他們說的「畫眉之樂」不但非關鳥事，也和我們畫鳥、賞鳥無關。

古代文學家，也喜歡借花鳥比喻官場的處境。官運亨通就說鵬程萬里，官場失意就只好用閒雲野鶴來自我安慰。

歐陽修因黨爭受到牽連，從朝廷大官被貶為地方知州，心中怨恨鬱卒又不吐不快。於是詩作〈鳥啼〉有這樣一句：

我遭讒口身落此，每聞巧舌宜可憎。

接著又作〈畫眉鳥〉：

百囀千聲隨意移，山花紅紫樹高低。
始知鎖向金籠聽，不及林間自在啼。

一副葡萄酸的心態，怨恨在金闕宮廷裡不能暢所欲言，不如遠離政治核心，在偏鄉可以自由自在發揮。移情畫眉鳥來自我解嘲安慰。

早期我們對畫眉鳥的認識，大多來自寵物店裡有一種很會叫的鳥叫作畫眉鳥。也常見一些人，在清晨提著黑布罩著的鳥籠，邊走邊搖晃。走到公園樹林下，掀開黑布，讓籠裡的畫眉鳥「接觸自然」。若有其他的鳥籠也在附近，兩隻畫眉鳥就會引頸高歌，喋喋不休的互相唱和互訴衷情。鳥主人也會彼此交換飼養畫眉鳥的心得，漸漸蔚成所謂「遛鳥」的風氣。據說還是當時公園裡流行的一種高雅的休閒活動。

後來才知道，這些被「鎖向金籠聽」的畫眉鳥，是來自中國的外來種畫眉，和臺灣野地所見的畫眉不同。

臺灣文獻中有關「畫眉」的舊時記載：

「畫眉，似鶯而小，黃黑色。好鬥善鳴，清圓可聽。與內地相類，但眉無白者。」
「土畫眉，與內地相類，但眉無白者。」

很明顯，臺灣所見的「土畫眉」就是與內地的「畫眉」不同。文史學家多半根據所見或耳聞加以類比描述，以訛傳訛再互相轉載。

《臺灣鄉土鳥誌》稱，臺灣所見的「畫眉」應正名為「花眉」（臺語發音），是臺灣特有亞種鳥類。花眉和中國人所說的畫眉並不相同。

現在的鳥類專家，也終於看清楚「花眉」只是與中國畫眉相類似，非但沒有白眉，也不屬於畫眉科鳥類。終於還給「花眉」一個正名的身分。

「臺灣畫眉」屬噪眉科，是臺灣特有種鳥類。

盤眼睡

台灣畫眉

10

白
喉
笑
鶇

白喉笑鶇鳥

一天早上，我在烏來山區拍攝白尾鴝。這隻害羞的野鳥，不願露面只顧躲在暗處窺視。攝影者縱有先進的攝影器材也是無計可施。

從背後遠處山谷傳來一陣陣悅耳的鳥鳴聲。鳥鳴聲此起彼落連續不斷，像是鳥群受到某種聲音指令，再一起回應附和一樣。聲音愈來愈大，感覺鳥群也愈來愈近。接著一群白喉笑鶇，三三兩兩先後飛來，大約有十來隻左右，占據了一棵無患子樹上。無視於我的存在，並且繼續發出牠們的叫聲，用獨特的語言互通聲氣。

白喉笑鶇是臺灣特有種鳥類，不但稀有而且罕見。是許多鳥類攝影者，無法預期求之又不可得的夢幻野鳥，也是我多年來求鳥，畫鳥仍無法獲得影像資訊的鳥種。如今卻在專為我設計的舞台上，活生生的演出現場直播秀。隨手拿起相機，只顧按下快門。

這一群白喉笑鶇，不慌不忙在樹枝上跳上又跳下，又不時發出一連串的呼叫聲。好像是有隻領頭鳥先起個音高喊：「大家都在嗎？」然後眾鳥成員一起回答：「在呀……在呀……在這裡……我在這裡……我在這裡……」這樣的鳥聲對話此起彼落。從外貌上看不出雌雄，也分不出成鳥或幼鳥，只覺得這是一群彼此關係相當密切的野鳥團體，在樹林中游移，必須藉著鳥鳴聲彼此聯繫以免流離失散。

群鳥在無患子樹上逗留了一會兒，讓攝影者收穫滿滿之後，吆喝聲又響起來了。

尾
に枚

「要走了嗎？」

「走了……　走了……走了吧……」

眾鳥又陸續離開棲樹，往另一個方向飛去。喧鬧聲隨著野鳥倏爾來去，山谷又恢復了平靜。

白喉笑鶇喉胸腹部和部分尾羽白色，頭部栗紅色，其他部位都是褐灰色。羽色十分單純，更沒有讓畫家眼花撩亂的花紋，畫起來毫無懸念。只不過要怎麼表現牠們群居互動的面向呢？我選用對開畫紙，多畫幾隻不同姿態，安排各種野鳥的肢體動作，在樹幹枝葉上參差出現，看起來比較有群體互動的感覺。

畫好了看，卻沒有現場那種野鳥來去自如的感覺。問題就出在我把配景的枝葉堆滿了畫面，野鳥充塞其間，就好像被關在畫紙的鳥籠裡，飛不出黃金比例框架一樣。

於是重新構圖。捨棄不必要的樹枝、樹葉，再將野鳥疏落配置其間，背景留白使畫面空間無限延伸擴大。畫裡的白喉笑鶇不受拘束，畫家的胸懷感覺舒坦了不少。

11

竹鳥

竹鳥對我來說是陌生的。在從事野鳥生態畫的過程中，有關竹鳥的紀錄也相當貧乏。印象中，只在司馬庫斯和烏來山區有短暫的邂逅。由於牠們生性隱密，行蹤無法掌握，相機無法獲取影像，仔細觀察和速寫更不可得。資料庫中竹鳥圖像闕如，繪製生態畫就好像瞎子摸象一樣。

聽鳥友說，新中橫的櫻花林可以拍攝竹鳥。

二月間，天氣乍暖還寒。台21線新中橫在幾經迂迴之後，終於看見一片美麗的櫻花林。這個季節正好是山櫻開花季節，妊紫嫣紅的櫻花綴滿樹林。不但招來了許多賞花的人潮，也吸引眾多山上的野鳥。常見白耳畫眉、冠羽畫眉、黃山雀，和栗背林鴝、青背山雀……，忘情的陶醉在花海裡，卻獨不見竹鳥的蹤影？經詢問鳥友才知道竹鳥喜歡吃櫻桃果。櫻花林地點正確，季節不對竹鳥不宜。

苦等一個月再次前往櫻花林，繁花已經落盡，樹林才剛換裝新葉，櫻桃果實只像綠豆一般大小，青澀的未熟果肯定不會是吸引竹鳥的誘因。專程前來尋找竹鳥又落空了。

再一次滿懷期望前往櫻花林，想像櫻桃果琳瑯滿樹，野鳥成群的景象。不料放眼櫻花林所見全是綠葉成蔭，只剩幾粒過熟的櫻桃，還零星掛在樹上。原來又是季節不對，櫻花結果期已經到了尾聲。沒有花沒有果的櫻花林，不但沒有人光顧，而且連個鳥影也沒有。看來此行又要無功而返了？

看著綠樹成蔭的樹林，我想起了自然環境中，野鳥食物分布是有層次的。同一環境中，不同的野鳥因食物、食性不同，只會在自己的食物層裡進食。

竹鳥

櫻花林這個微環境的食層分布,讓白耳畫眉、冠羽畫眉,和一些動作輕巧的山雀科鳥類,可以輕易的吊掛在櫻花樹上,汲花蜜、啄果實,享用櫻花樹上層的食物。相較體型較笨拙的竹鳥,只會在樹下撿拾掉落的果實。心念一轉燃起了一線希望。我竭盡所能收集樹上僅存的一些櫻桃果,放在明顯裸露的大石墩上。才剛放好就聽到竹鳥的叫聲,接著一小群竹鳥,從山壁上的樹林裡飛出來,一粒一啄,還擺出千姿百態讓我拍照。

事後卻又讓我想到另一個焦點問題:用這種方式拍攝野鳥,會不會又違反了保護野鳥動物的條款呢?

在生物多樣的認知上，我們無法掌握氣候環境，也不能約束野鳥生態習性，
更何德何能還要奢言妄加保護？愛屋及鳥本是生而為人的美德。對身邊的
野鳥多一點親近，多一點關心，多一點觀察和了解，也是仁人愛物的表現。
每一種動物都有自己的生存之道，野鳥不會擔心缺少人類的保護而滅絕。

想起了泰戈爾的一句名言：

「世界不因為沒有你主持正義而有缺陷。」

12

金翼
白眉

多年前，我開著車沿著丹大林道去六順七彩湖，途經一座已經荒廢的寺廟建築，對面還有一個廢棄的林業招待所。我好奇的停車，走進這個破舊的建築物裡一探究竟。每一步都小心避開室內散落的各式家具。赫然在廢棄物堆中看見一個光頭人形，披著破舊的僧衣，低著頭趺坐在天井中的桌上，文風不動背對著我。第一時間以為是看到一個坐化圓寂的高僧。

海拔二千多公尺的荒山野嶺，杳無人煙的古寺廢墟中，突然看到這一幕確實有點驚悚。我輕咳了一聲試探一下，不料更驚悚的事情發生了。兩團會飛的怪物，從他前面我看不到的地方，「劈里啪啦」的竄出來，往屋後樹林飛去。也真是嚇了我一個發暈。

僧人漸漸抬起頭來，還好是個活人。

「阿彌陀佛。」活僧人打個佛號。

原來那兩個怪物是生活在附近的野鳥，趁著僧人打坐（或打瞌睡）的時候，來分食和尚吃剩的素麵，聽到有陌生人闖進來，也是嚇一跳飛竄出去。

「極樂世界有極樂之鳥，」和尚說：「是金翼白眉」

金翼白眉是我剛認識的野鳥，但是……

「這地方會是極樂世界嗎？」我環顧這個鳥都不生蛋的廢墟。

「心想涅槃，所到之處都是極樂……」和尚回答若有所指。

我自認佛性不佳，無法體會和尚的境界，只問他一些有關食衣住行和供養香油錢……等俗不可耐問題，但都得不到要領，於是繼續我的行程。

回家之後，我試圖從佛經裡尋找這隻極樂之鳥。

「……極樂國土……彼國常有種種奇妙雜色之鳥‧白鶴‧孔雀‧鸚鵡‧迦陵頻伽‧共命之鳥……」確實不包括金翼白眉。

自從認識金翼白眉之後，覺得牠們都和垃圾有關。

曾經為了畫寫一本叫做《野鳥食堂》的繪本，探討高山鳥類的吃食事件。特地在一處登山口的地方宿營觀察。每天大約從天亮開始，就聽到金

翼白眉相互呼喚的叫聲。只要看見登山遊客上門，就知道吃飯時間到了。牠們有意無意的在遊客旁邊乞討食物，偶爾也會飛進車廂裡翻找。有些登山客在登山口煮食，吃剩的泡麵殘渣隨手倒在水溝裡，吸引金翼白眉忘情的爭食。

書中主要內容是描寫自甘墮落的金翼白眉，改變覓食行為以後，從不食人間煙火之鳥，淪落為追逐廚餘，食而不足的垃圾鳥。

見證垃圾鳥之名其來有自。最近一次攀登合歡山北峰，沿路上登山者絡繹不絕，狹窄的山路，上山下山都要側身禮讓。沒想到在這個高山淨土中，金翼白眉也來攔路搶劫。只要有人坐下來休息，金翼白眉就會飛來腳邊索討食物，如影隨形揮之不去。

13

小彎嘴

小彎嘴畫眉是野外比較常見的畫眉鳥，通常五至六隻成群，在低海拔或平地、海邊，隱密的灌木叢裡跳躍穿梭。當我們看到了一隻飛出草叢，可以期待另一隻、又一隻、再一隻……，一小群小彎嘴畫眉，用靈活的跳躍加上笨拙的飛行姿勢，沿著同樣的路線移動前進，下一秒就鑽進灌林或芒草叢裡。牠們體型略嫌笨重，飛行技術看似有點拙劣。在草叢中行動，感覺好像是在跌跌撞撞一樣。常常只聞其聲不見其影，又鬼鬼祟祟東躲西藏，想要攝影拍照，怎麼都找不到一個好樣的姿態。

在一處廢棄的公園裡有九重葛花架，十二月還盛開著艷紅色花朵。用花叢來當作攝鳥的背景，真是再好不過了。可是要如何讓野鳥登上彩色的舞台

呢？我布置好了偽裝的設備，在花叢前面插了一根樹枝，然後模仿牠們的叫聲吹響口哨。不一會兒，好奇的小彎嘴畫眉，一隻接著一隻跳上樹枝，好像找到了新伴侶一樣，攝影得來全不費功夫。

從來認識畫眉鳥，多半都只來自書中的描述。書上形容牠們的聲音有多麼好聽，說牠們的眉毛像埃及艷后一樣美艷，也有用「畫眉之樂」形容夫妻恩愛的畫面。印象中的畫眉鳥，就好像是一位美麗端莊，巧笑倩兮，美目盼兮，溫柔賢淑，又有好歌喉的美女一樣。看到真正的小彎嘴畫眉，其實是有點失望的。

小彎嘴畫眉矇著黑色眼罩，略帶著邪惡的眼神，頂著一口大而不當的彎嘴，衣衫襤褸又拖著像長裙一般的尾巴，體態猥瑣動作滑稽，飛行動作笨拙，還發出「咕嘰——咕嘰——」的聲音，和同夥們相互唱和，有點像是搞笑的笨賊一樣。用賊頭賊腦來形容小彎嘴，似乎也只是恰到好處而已。

野鳥們用牠們特有的生存方式，適應島嶼上的自然條件。在優勝劣敗，適者生存的加持下，演替發展成特有種鳥類。小彎嘴才是臺灣的原住民，牠們一點也不在乎人類的指指點點和審美的偏見，只在林中自在啼。

小彎嘴的覓食層介於林下地面上，對雜食性鳥類而言，這個食層是個食物豐富的層面。小彎嘴是小群居生活的鳥類，當牠們小群出動用粗魯又笨拙的方式，在樹叢中覓食的時候，免不了驚動一些小昆蟲飛起來。居住在同樣環境裡的黑枕藍鶲，也趁此良機捕捉漏網的昆蟲美食。當我們看到一群小彎嘴，在密樹叢裡東闖西撞的時候，也常有機會看到不常見的黑枕藍鶲趁機飛出來，撿拾方便的飛蟲食物。有人說，這是野鳥不成約定的「集體覓食」行為，應該也是有「互利共生」的機制吧！

14

大
彎
嘴

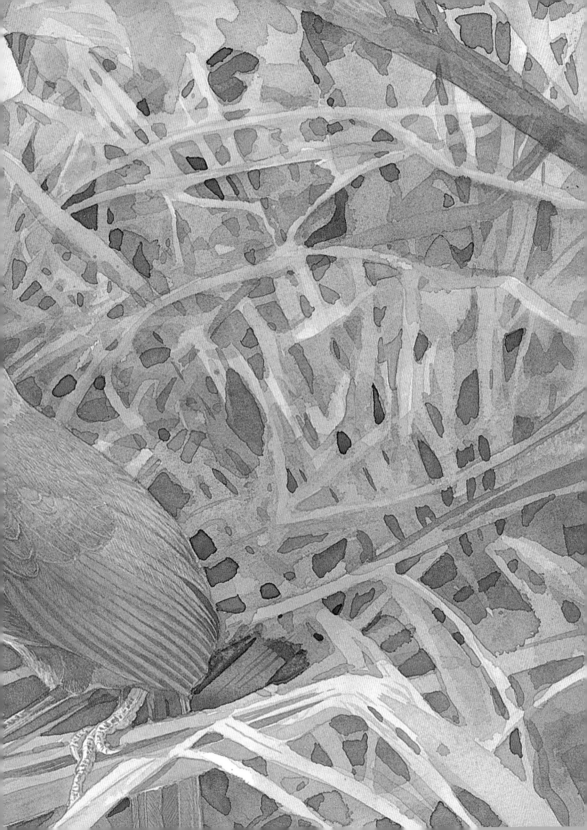

……帽兒光光，今夕當個新郎倌；衣衫窄窄，今夜當個嬌客來……
……頭戴撮尖乾紅凹面巾，鬢傍邊插一枝羅帛像生花……

水滸傳中描寫一個土裡土氣的山賊，搽脂抹粉打扮成新郎，又喝個酩酊大醉，要下山強娶民女的土匪頭目。

若形容小彎嘴像賊，那麼大彎嘴就像是個土匪模樣。土裡土氣，賊頭賊腦的外表，掛著一張大而不當的彎嘴。臉上搽脂抹粉，行為猥瑣，動作粗魯，出沒在濃密樹叢中。偶爾從路邊竄出，見到人又匆忙鑽進草叢裡。

雖然長相不雅，不討人喜愛。在與人類共處的環境中，大彎嘴畫眉也算是適者生存的優勢物種。牠們外表不好看，沒有優美的歌聲，也沒有「畫眉之樂」那種做作的意象，也就不用擔心有「鎖向金籠聽」的煩惱，過著「林中自在啼」的快意生活。被逼上梁山的土匪們，不都是這樣「論秤分金銀，大口喝酒，大塊吃肉」，過著目無王法的生活嗎？

臺灣低海拔山區熱帶樹林裡，常常聽到大彎嘴的叫聲，但確實不常見到牠們神出鬼沒的身影。想要拍照當作繪圖參考更是談何容易？每次難得有機會巧遇，還沒來得及取相機，賊頭賊腦的大彎嘴，就一溜煙鑽進草叢裡，消失得無影無蹤了。

剛好有山區的友人來電話，說是在果園裡撿到一隻鳥屍，是被噎死的大彎嘴。因為無法立即查看，又不知道是甚麼狀況？只好請他暫時放在冰箱裡保存。不料連日風雨山區停電，等到颱風過後再上山時，發現冰箱內所有食物都爛臭成一堆。我要的大彎嘴，只剩一堆羽毛和骨頭。不過，能收集到完整的鳥羽毛也是相當不容易的。我將它依照各部位飛羽、腹羽、尾羽……約略歸位拼湊起來。各部位羽毛的形狀順序，和若隱若現的花紋細節，腳趾的鱗片結構，嘴型、鼻溝都清楚呈現。比起攝影圖片更能一目瞭然。

但是，我還想要知道這隻大鳥究竟是怎麼「噎」死的？原來朋友的農場裡，每當大雨過後，經常有臺灣大蚯蚓（又稱臺灣大蛇蚓）鑽出地面。這條大蚯蚓約三十公分長，手指般粗細。這隻貪吃的大彎嘴以為是難得的美食，不料一口吞不下，咬不斷，吐不出來，又帶不走，就這樣活活被噎死了。

鳥為食亡，沒想到大塊吃肉的土匪也沒有好下場。

冠羽畫眉

15

一元復始春到人間。春天的喜悅不只是人間的專利，野鳥們也為之瘋狂。

打從十二月底開始，麻雀、紅嘴黑鵯、白頭翁、金背鳩、紅鳩……等，平常獨居或小群散居各地的野鳥，離開平時居住活動的地方開始成群集結。牠們不約而同在開闊地上翔集飛舞，好像在舉辦一種慶祝儀式。

人類常以慶祝豐年、迎接春天……等，各種藉口舉辦嘉年華會，開派對或瘋狂舞蹈吶喊一番。而野鳥們集合慶祝所為何來？說穿了不過就是為了即將來臨的繁殖季節，擴大舉行交友、擇偶、配對、優生的聯誼活動。

一年一度的花季開始了。為了迎接春天來臨，中海拔山區的野鳥，都聚集在有櫻花盛開的公園裡。青背山雀、黃山雀、紅頭山雀……，個個都像是巧妝打扮的舞者，一群群輪流飛上花樹，使出十八般武藝和拿手本領賣力演出，吸引異性伴侶的青睞。

冠羽畫眉也來了。

冠羽畫眉是中海拔樹林常見的鳥類。山區公園、停車場、果園……，經常出現小群體活動。牠們頭戴尖帽，從正面看像是梳理著一頭前衛的龐克髮型。左右嘴角下又有兩撇黑鬍子，外型小巧伶俐，動作快捷靈敏，在濃密的花叢間跳上跳下，倒立翻身，千姿百態忘情的採花汲蜜，像是一群頑皮搗蛋的小孩一樣可愛。

野花吸引野鳥，野鳥也引來賞鳥、攝鳥的愛好者。人人手持相機鏡頭，各自守在花樹下見機獵取畫面。然而野鳥們在紛雜的花葉樹枝當中鑽來鑽去，一刻也停不下來。有時紛至沓來，有時又集體衝飛。攝影者指東又望西；顧此又失彼，無法掌握自己想要的畫面。

掛網的
冠羽畫眉.可
以看到牠們
跖爪構造十分
強壯有力。

攝影不成欣賞野鳥也是一種享受。我發現在櫻花叢中吸食花蜜的各種野鳥，都有牠們不同的進食方法。仔細看每一朵櫻花都像小喇叭一樣向下懸垂開口。理論上櫻花的生理結構比較歡迎蜂、蝶、蛾等小昆蟲進來採蜜幫忙授粉。相對的這種花型並不適合「行為粗魯」的鳥類前來攪和。

青背山雀投機取巧，用尖嘴在櫻花的花管壁上啄破一個小孔，侵入花心裡面汲蜜。黃山雀比較粗魯，牠們用嘴喙摘下一整朵櫻花踩在腳下，破壞花形直接食用花蜜，吃相有點難看。

冠羽畫眉動作雖然毛躁，但是牠們都能利用天賦的本能，把輕巧的體型吊掛在開花的細枝上，讓身體下垂再引頸向上，將小嘴送入小花管裡面吸食花蜜。這種友善的生態行為，不但利己同時也幫植物授粉，達到互利的效果。

了解野鳥食性以後，我勾勒出冠羽畫眉倒吊取蜜的畫面，設定為今天拍攝的主要目標。可是，要在花叢樹枝間拍攝野鳥，對焦取景都不容易。我選擇一處有枝葉垂懸的樹叢邊緣，設定背景、光線、速度都還可以的位置耐心等候。還得忍受其他野鳥在身邊吱吱喳喳的誘惑，最後得來全需要運氣和奇蹟出現。

然而最大的收穫並不在於取得光鮮的數位影像。從觀察、拍攝、速寫記錄和後製中，我能體會臺灣的地理環境，季節循環，和生物多樣又生生不息的樂趣，或許也可以在野鳥生態繪圖的過程中略表一二並自娛娛人。

16

白
頭
鶇

長安城頭頭白烏，夜飛延秋門上呼。
又向人家啄大屋，屋底達官走避胡。

唐代詩人杜甫寫《哀王孫》，是說有一種白頭的烏鴉（或是一種頭白體黑的鳥），趁著安史之亂兵荒馬亂之際，趁火打劫啄人家的房屋。

不久之後，丘悅在《三國典略》進一步解釋：

侯景篡位，令飾朱雀門，其日有白頭烏萬計，集于門樓。童謠曰：白頭烏，拂朱雀，還與吳。此蓋用其事，以侯景比祿也。

以白頭烏比篡位的侯景；再以侯景比造反的安祿山，比來比去，總是說這種白頭黑身體，像烏鴉一般的鳥都是壞鳥。

我對壞人沒興趣，只對文中提到的「白頭烏」特別感興趣。究竟有沒有這種鳥？竟然敢趁人之危大呼小叫又破壞人家的大屋呢？詢問杭州的鳥友，回答說沒見過，也沒聽聞有白頭烏？查遍中國鳥類圖鑑，也找不到類似「頭白體黑」的鳥？

倒是臺灣真的有「頭白體黑」類似「頭白烏」的鳥叫做白頭鶇。臺灣的白頭鶇是鶇科鳥類，不具「烏鴉」的壞名聲，鳥性溫馴，不會大呼小叫不可能是壞鳥，更不會破壞人家的房屋。而且數量稀少也不常見。

白頭鶇是臺灣特有種鳥類，群棲在中海拔闊針葉混和林帶。平常只在中上層森林生活，當牠們成群出現的時候，白色頭頸部的特徵很好辨識，只不過看到的機會不多。

一月是臺灣最嚴寒的季節，中海拔山區一片蕭瑟。山桐子果實卻選擇在這個季節成熟了。

一串串像紅寶石一樣鮮紅欲滴的小果粒，結滿了一整棵樹，爲青黃不接的山區，提供了美味的食物。尤其是山林中的野鳥更是趨之若鶩，奔相走告，都來到山桐子餐桌，享受美味大餐。

美味山桐子引來了野鳥，野鳥引來了攝鳥和賞鳥人潮。愛鳥的人都集中在山桐子附近。野鳥來來去去，白耳畫眉、冠羽畫眉、黃腹琉璃、黃山雀……，走了一批又來一群。各式望遠鏡和長鏡頭大砲，忙著捕捉自己想要的目標，大家都目不暇給而且驚呼連連。

忽然有人高喊：「白頭鶇！」一群大約十來隻的白頭鶇也來湊熱鬧。現場所有目光都集中過來了，鏡頭和望遠鏡紛紛卡位，快門聲此起彼落，山區賞鳥氣氛也達到了最高潮。

白頭鶇並不戀棧大餐，或許是不習慣在衆目睽睽之下進食，只是淺嚐一下山桐子果粒就離開了。僅留下攝鳥者一片扼腕的聲音。美的事物只是一瞬間的意念，太過仔細挑剔，就只會看見瑕疵。

爲了拍攝中海拔山區的野鳥，不遠千里來到梨山。在林間步道中等待白尾鴝出現的時候，感覺有鳥影掠過地面，抬頭看到一群大約十來隻白頭黑鳥從豪華屋簷間飛過？晨曦中黑色鳥體和白頭對比十分明顯。接著又有幾小群陸續飛過，是白頭鶇殆無疑義，只不過牠們總是高來高去，只能望鳥興嘆。

梨山，曾經是偉人避暑的行宮。奢華的宮殿建築矗立在高山間，顯得相當突兀。白頭鶇會向人家啄大屋嗎？

白頭鶇 ♀

白頭鶇♀

17

褐頭花翼

幾番尋找褐頭花翼都無所獲。有鳥友建議到中部山區有一個過氣的農場裡，找一位叫做「猓玀」的人試試看。「猓玀」是雲貴地區彝族的通稱。在中原文化中稱猓玀，頗有半人半獸是未開化野人的意思。臺灣怎會有人自稱是猓玀呢！為求褐頭花翼，也是要親自去拜會。

農場位於中海拔山谷中，兩旁高山，還有一條清澈的小溪流經其間。風景優美氣候宜人。據說，河階上還曾經發現四千年前泰雅族人居住的遺址。農場也曾經是高冷蔬菜的重要產地，近幾年飽受颱風天災摧殘，已經看不到繼續經營的前景，只剩幾個老榮民勉強維持農場運作。

我看見一位身材微胖的工人，騎著一輛老舊的單車迎面而來，於是攔路打聽：

「請問，這裡有一位叫作……猓玀的先生嗎？」

「誰是猓玀？……他們才是猓囉！」他惡狠狠的指著遠處種高麗菜的幾個工人，然後又橫眉怒目對著我說：「猓玀，猓玀……，你也是個猓玀！」

幾番尷尬的對話以後，原來這位不承認自己是猓玀的人，正是我要找的猓玀。

「也沒差啦！管他誰是猓玀」，我一心只想著快點有褐頭花翼的消息。

猓玀知道我的來意只是為了找鳥，態度變得和善起來，還禮貌的領我去他住的小木屋。

陰暗簡陋又臭氣沖天的木板屋裡，除了堆滿書籍和凌亂的文件之外，還堆放許多羽毛凌亂又粗糙製造的鳥類標本。

褐頭花翼.
　原名:灰頭花翼
　原科:畫眉亞科
　今改為鶯科.

尾長
雄=5.5cm
雌=4.7cm

「褐頭花翼，褐頭花翼……」

他一面念念有詞一面東翻西找，終於從一個裝蔬菜的籃子裡，拉出一具小型鳥類標本。這個醜陋的東西，不但姿態歪斜，腳趾錯置，眼睛空洞沒有眼珠，而且身體充滿腐敗的氣味，看起來有點可怕。是褐頭花翼沒錯，只不過印象中褐頭花翼是屬於畫眉亞科，是畫眉鳥一族，但標本卻看不到白色的眉斑？我小心翼翼的挑剔標本的毛病。

「畫眉，畫眉，你們讀書人只懂得畫眉……」他又露出猓玀的本性，瞪大著眼睛說：

「褐頭花翼不是畫眉鳥，沒有白眉毛……」
「那是甚麼鳥呢？」我也想試探他的鳥功力。
「甚麼鳥不知道……，不是甚麼畫眉鳥。」

唉，無所謂啦！我只想看到真實的褐頭花翼。

猓玀帶著我來到一處長滿高山薔薇、箭竹和芒草的冷杉林下，隨手撿起一根樹枝在雜草堆上敲打。只見有一些小蟲飛竄出來。接著猓玀發出類似「喊—喊—哽—哽」的聲音。不一會兒，草叢裡有了回應，一小群褐頭花翼興奮的鑽出來，在高山薔薇裡跳上跳下，完全無視於我們兩隻猓玀的存在。

多年以後，我想繪製褐頭花翼生態畫，拿出以前拍攝野鳥的正片。仔細觀察褐頭花翼，果然都沒有白色眉斑。再查閱新版的野鳥名錄，褐頭花翼已經從畫眉亞科更正為鶯科。

18

鱗胸鷦鷯

鱗胸鷦鷯

迷霧中也有一些驚天動地的驚奇事件發生。

早晨下了一陣小雨，獨自在彎彎曲曲的林道旁守候，等待拍攝鱗胸鷦鷯。鱗胸鷦鷯是一種可愛，害羞又稀有不常見的臺灣特有種鳥類。

陽光襯著薄霧穿透檜木林，讓鳥類攝影有了最佳的漫射光條件。不過，山區午後常起濃霧，不清不楚的影像，也是今天拍鳥行程中唯一的隱憂。

我找到了上一次拍攝鱗胸鷦鷯的小山溝，把相機裝備架設妥當，等待濃霧散去，陽光漫射，以及目標出現。耐心等待是拍攝野鳥的不二法門。

不料霧氣愈來愈濃，漸漸吞噬整個山林，不但遮蔽了陽光，也讓四周都變成一片霧濛濛的白牆。檜木樹幹黑影在白牆中，就像是一幢幢圍繞在四周的鬼魅一樣。我披上了迷彩斗篷一動也不動，把自己木化成一尊奇形怪狀的雕像。

突然在林道的白牆中出現了一個小黑球，一跳一跳對著我跳過來，感覺一隻鳥的模樣，應該就是鱗胸鷦鷯了。正打算看個清楚，小黑鳥後面又出現一個更大的，像疊球一樣毛茸茸，圓滾滾的東西，衝著小黑鳥而來。小黑鳥沒注意後面的情況，跳－跳－跳，跳到了一個人形雕像前面。小傢伙嚇掉了七魂八魄，「噗」一聲竄進了溝壑裡去了。接著毛毛球也發現了我，

像遇見鬼一樣，也嚇得魂飛魄散，逃進左邊的樹叢裡。就在同一時間，白色銀幕中又飛快衝出一團黑色物體，同樣看到了我這一身打扮，也是嚇得屁滾尿流。來不及煞車，就在我頭頂上急轉彎，發出「劈里啪啦」的聲音，衝進邊坡消失在霧中的檜木林裡。

同樣魂驚未定的我，驚呆了片刻之後，才定下心來解析這一連串的突發事件。

毛毛球拖著黑白相間的尾巴，是俗稱九節貓的麝香貓。鱗胸鷦鷯趁著濃霧，放鬆心情飛到林道上尋找食物。麝香貓發現了獵物，在濃霧掩護之下循著味道尾隨著鱗胸鷦鷯，準備大快朵頤一番。不料，螳螂捕蟬，黃雀在後，一隻獵鷹盯上了麝香貓。獵鷹仗著無聲的飛行技術，在林道一個轉彎處，就要俯衝捕捉獵物。正在緊要關頭，卻遇見了一奇怪的攝影者而化險為夷。一連串驚心動魄，弱肉強食的獵捕行動，也是一條弱肉強食完美的食物鏈，在迷霧林道中無聲無息的上演。

我決定繼續在濃霧中守候。一陣濃霧散去之後陽光又露臉了。自然環境中一切敵我善惡，攤在陽光下都灑灑分明。一隻沒有尾巴的小鳥，就像是沒穿褲子的小弟弟一樣，從陰暗樹叢中鑽出來了。鱗胸鷦鷯毫不猶豫，一跳一跳，跳進了我可以拍攝取景的鏡框裡。

尾巴很短

鱗胸鷦鶥

腳趾細長

朱雀

自從我對臺灣的自然事件發生興趣以後，合歡山一直就是我捧手細讀的教科書，山區的哪裡有甚麼樹？甚麼季節開甚麼花？有什麼鳥？都可以如數家珍。

氣象報導鋒面又要來了，臺灣中部以北將要變天。我估計南投山區還會有幾天好天氣的光景，賭著運氣就上山去尋鳥拍照了。山上雖然沒有下雨，可是氣溫陡降，到處飄盪著灰濛濛的山嵐。這樣的天候，原不適合拍照，所幸遊客也相對的稀少。

登山口附近的兩棵褐毛柳，似乎永遠不曾長出樹葉。在霧中，老枝縱橫槎枒交錯，看起來格外感覺淒涼。寒天凍地中，一隻朱雀縮著身棲在枯枝上，更增加了悽惻的氣氛。

朱雀的雄鳥全身酒紅色，頭上略有一些冠羽。雌鳥全身土黃棕色，有深色縱斑。樸拙的裝扮大約也是爲了「樸素保護」這樣偉大的理由吧。雄鳥出來到處招搖，朱紅色的羽毛和可愛的尖頭，搶盡了賞鳥者的眼光。而土土的雌鳥，總會被冷落在一旁，誤以爲只是普通的麻雀而已。

棲地附近是登山口，登山者入山前，出山後難免都要大吃一頓。吃剩的就倒在地上或陰溝裡，還要美其名的說是「回饋大自然」。附近的金翼白眉、朱雀、灰鷽……，都是直接的受益者，也被冠上清道夫的美名。泡麵、米飯、包穀……，遍地都是吃不完的垃圾。這裡的野鳥就像是人類的家禽一樣，一隻隻被餵養得肥嘟嘟的。朱雀飽食以後，飛到附近枯枝上小憩一下又供人拍照。曾經看到一個嬉皮笑臉的遊客，把朱雀騙到腳尖前，然後脫下帽子就輕易的捉走一隻臺灣特有種野鳥。

許多攝影者知道了野鳥的壞習慣以後，想要拍攝朱雀，只要跟著垃圾走就對了。早期的合歡山是個觀光景點，只要有遊客駐足的地方就有攤販，有攤販的地方一定有垃圾。（註）只要把鏡頭框住野鳥，稍微移動避開垃圾，美美的、活生生的野鳥生態照片，就可以逢人炫耀。

當我們看到一些動人的圖像，一幀幀銘爲什麼嗷嗷待哺、什麼孤雛、什麼

喜歡停在
鐵杉的樹梢
上。

喜歡吃疏杖
和山上禾本科
的果實。

還巢……之類的攝影作品，或許片刻會觸動一些內心深處的感動。如果我們深究在那個「黃金比例」的框架裡外、前後或因果，常常會發現影像表達和傳播中的真相是甚麼？美麗影像的背後是甚麼？野鳥攝影究竟所為何來？

我避開人群守在一處角落邊坡，把鏡頭對準下方一棵冷杉的尖頂端。設定距離調校焦距，然後耐心等候。幼齡的冷杉，樹形呈聖誕樹一樣的圓錐狀，樹頂只突出一根主枝葉。

長年的觀察發現朱雀有一種習性。牠們會先飛來冷杉林底層，再沿著枝葉一層一層往上覓食，愈往上方停棲的範圍愈狹小，最後終於停在冷杉尖頂端。這時候只要按下相機快門，張張都是精彩的圖資照片。

【註：國家公園成立以後，攤販管理和垃圾處理也已經獲得改善。】

117

黃山雀

開始對野鳥有興趣，第一本購買的野鳥圖鑑，封面就是黃山雀。或許是牠們稀有又美麗，才能榮登封面殊榮。黃山雀就成了我認識尋找野鳥的首要目標。

剛開始進入野鳥世界，就打算用自己繪畫的專長來記錄臺灣野鳥圖像。精密的野鳥繪圖當然也要先從攝影開始。然而，開始接觸鳥類攝影，卻是抱著輕蔑和狂妄的心態。原以為只要擁有精良的攝影設備，到野鳥出沒的地方，不論甚麼稀奇古怪的野鳥，都可以手到擒來，盡入繪圖的參考囊中。不料，抱著錯誤的執著，失敗和挫折就會接踵而來。

虛心檢討之後，改用觀察、傾聽、學習，再佐以手繪、速寫、攝影的方式重新出發。以心態意識為主；以器材工具為役。在從事野鳥生態繪圖之前，先體驗相關的人文、氣候、地理、動植物……，野鳥吃甚麼？住哪裡？和人類生活的關係……。累積許多和野鳥有關的知識，再嘗試用和善的方法拍照攝影獲取影像。想要繪製鳥類圖像的時候，心裡就會有一個野鳥生態的藍圖，按圖畫鳥就事半功倍了。

然而想要拍攝黃山雀，窮多年經驗卻都沒有一點頭緒。主要是這種稀有野鳥真的可遇而不可求。在野外偶有，也只是驚鴻一瞥徒讓人手忙腳亂而已。

黃山雀是臺灣特有種鳥類，一般生活在中海拔闊、針葉林山區。牠們以小眾和其他山雀混群，一起在樹林裡覓食活動。山雀科野鳥體型都很嬌小，動作靈敏，像個過動兒一樣，很少有片刻安寧的時候，常讓鳥類攝影者無從把握。真是令人又愛又恨的鳥兒。

中橫公路一處觀光景點的停車場，周邊種植一排山櫻。開花季節，滿樹櫻花蔚成花海，吸引眾多野鳥前來覓食。循聲找鳥不外是青背山雀和冠羽畫眉，偶爾還有紅頭山雀來插花湊熱鬧。這些身材輕巧的山雀科野鳥，個個都練就十八般吊掛功夫，倒掛金鉤，引頸向上。以優雅的姿勢，將嘴喙伸進櫻花裡吸食花蜜。

正在欣賞野鳥特技的時候，發現花叢裡的鳥群裡竟然也有黃山雀？日思夜念的黃山雀，就在伸手可及的眼前？拍照相機無用武之地，手繪速寫也不可得。但是能近距離無微不至觀察活生生野鳥的一舉一動，也真是天賜良機的幸運。

在野鳥群中觀察發現，同樣是山雀科鳥類，黃山雀行動似乎比較不夠靈活？甚至於覺得有些笨拙？牠們常常粗魯的摘下一朵櫻花踩在腳爪下，用尖嘴從外面破壞花萼部位，食用花蜜後立即丟棄，再尋找另一朵花。

細微的生態行為，也是了不起的賞鳥心得。因為在櫻花樹林下，有小花朵掉落的地方，循著落花向上搜索，就有可能看到美麗稀有的黃山雀。

21

灰鷽

一早就被美妙的鳥叫聲吵醒了，熟悉的聲音想必是灰鷽。

宿營的地方是在一個已經廢棄的果園農場，也是附近一座高山的登山口。開闊農地上長滿了野花草。五月間正好是虎杖和勿忘我開花季節，這種高山上的野花草，享受著果園肥料的剩餘價值，正漫山遍野展開領土爭奪戰。間或參插著一叢一叢雀麥，垂著頭望著地面，好像事不干己一樣。

仔細聽，鳥叫聲是從雀麥叢中發出來的。原來是一小群灰鷽隱藏在濃密的雀麥中大快朵頤，偶爾發出幸福又滿足的對話聲。

灰鷽這種舉止優雅，聲音輕柔又是稀有罕見的雀科鳥類，早期被歸類為臺灣特有亞種鳥類，現已正式升格為臺灣特有種。不過稀有罕見依舊，即使在中高海拔，灰鷽生活的地區，想要一睹芳容真的也很不容易，攝影取鳥更是難上加難。

我輕輕的取出相機尋找鳥影，可是灰鷽只顧躲在草叢中，既無法對焦也不能按下快門。搜索中，從鏡頭裡看見一團黑影，對焦定睛看個清楚，竟然是一隻老獼猴。老猴渾然忘我坐在草地上，豪邁的抓起一把雀麥果實放進嘴裡咀嚼，吸乾汁液以後再吐出殘渣。而圍繞在四周的灰鷽，用鈍嘴一粒粒精挑細選撥開麥皮，再品嚐裡面的籽實。猴與鳥在野地裡，各取所需互不侵犯。

據我所知，這野生的雀麥，外表長得好看，其實剝開麥皮，能吃的部分非常有限，野生動物們怎能吃得如此津津有味呢？也可能是炎熱的夏天，食物供應青黃不接，使得高山上的動物們都飢不擇食吧。

我不想打擾牠們美好的用餐時間，也只能待在營帳裡不敢出來。遠處森林

傳來松濤聲，伴隨著灰鶯輕柔優雅的啁啁細語。就算看不見野鳥蹤影，不去追尋影像，能夠在大自然中安詳的和野生動物睦和相鄰，也是一種幸福的享受。

忽然，灰鶯像是受到甚麼驚嚇一樣，從雀麥叢裡飛出來，停在附近一棵老梅樹的枯枝上。老獼猴也察覺危險氣氛，驚慌的溜進樹林裡。

停車場開進來兩輛休旅車，清晨第一批登山遊客來了。他們個個精神抖擻，人人摩拳擦掌。一下車就像是出征戰士要生吞活剝敵人一樣，對著遠山一陣吼叫，把灰鶯嚇得飛到更遠的冷杉林裡。

登山前總是要填飽肚子啊。他們取出爐具開始埋鍋造飯，麵包、粽子、饅頭、餅乾加上泡麵，好豐富的食材。飽食之後收拾裝備出發了。停車場恢復了寧靜，卻留下一地的泡麵殘羹和麵包碎屑。

才過不到十分鐘老獼猴又出現了。牠先在樹林邊緣張望，看看沒有危險之後，快速的跑到野餐的地方挑選可以吃的食物，後面還跟著大大小小的猴群。接著，灰鶯也回來了。看著滿地美味的食物，顧不得身段飛到地面上，吃相難看爭奪殘留的玉米粒，食而不足還要到處尋找泡麵的碎屑。

原來灰鶯和獼猴，已經學會了在登山口停車場等候，只要有人類出沒的地方，就有美味的食物。這些外形文雅的鳥兒，一飲一啄竟然也要仰賴人類愛丟垃圾的惡習。

灰鸒
灰鸒嗜食虎杖
的果實。

22

小
翼
鶇

有勝溪邊找到一個廢棄的工寮，在一片嫩嫩綠綠青草地上架設好攝影裝備。時值金風送爽，紅色、黃色的楓槭葉簌簌飄落溪谷，或隨波逐流，或漂浮聚積在小水潭上。好個寫意的秋景，期盼有好鳥來入鏡。此刻正好也是蜉蝣婚飛的季節，水中幼蟲努力掙脫水面，尋求牠們「終身」伴侶，最後再一起殉情，成為溪澗野鳥的盤中食物。

鉛色水鶇忙著捕捉空中飛蟲，小剪尾也在水岸邊得到不少好處。岸上的攝影者顧此失彼，正忙得不可開交的時候，沒想到背後也有動靜。一個小小鳥的黑影，悄悄出沒在報廢的農機具跳上跳下，也在伺機捕捉蜉蝣。我趕緊移動鏡頭轉移目標。因為目標背著強光，只能勉強拍攝幾張不清楚的鳥影。小黑鳥全身欖黑色，眼睛上方有一道明顯的白眉。是甚麼鳥？似曾相識卻又叫不出鳥名。

回家仔細比對野鳥圖鑑，結果讓我拍案大驚奇，竟然就是踏破鐵鞋的小翼鶇。

根據圖鑑上的描述：小翼鶇，鶇亞科，臺灣特有亞種。居住在中高海拔陰暗處，稀有、隱密、害羞、不易見。而我個人的見解是：小翼鶇沒有漂亮的羽毛，沒有逗人的萌態，不美觀也不可愛，曝光度不高也不了解牠們的習性。所以沒有人討論，也幾乎沒有研究報告。直到最近才被正名是鶲科，屬於臺灣特有種鳥類。

小翼鶇是我心目中的夢幻野鳥，既然有了牠們出沒的地點和蹤跡，一定還要再去補足拍攝野鳥的缺憾。

拍鳥行程再一次出發，不辭辛勞來到梨山。遠遠望去有勝溪方向正冒出火光伴隨著濃煙，空氣中也飄著燒焦味。

「森林大火！」當地居民對著濃濃的火光指指點點。

我看著火勢在高山處猛烈燃燒，小翼鶇所在的溪谷應該沒有影響吧？還是決定冒險前進。

一路上落石夾雜著煙灰、炭火、樹枝，餘燼不斷落下，從各地來的消防人員紛紛趕來滅火，救難直升機也在火場上空來回奔波。歷盡千辛萬苦終於到達目的地，小翼鶇的廢棄農舍，現場一看，傻眼了！

小小的空地上全是消防人員、警察，和林務局官員。據他們研判這裡就是起火現場？

「該不會……和我有關吧？」

回想當天的一舉一動，我既不抽菸也沒生火，絕不可能是肇禍的火首。我看見一位警察手拿一個燒焦的烤肉架，應該是和起火有關的物證吧？也說明我是無辜的。

一位林務局官員知道我是來拍攝小翼鶇，很熱心的指點我到附近有大水池的地方。

「小翼鶇會經常出現在水池邊。」

依照指示找到了大水池，也很快找到了小翼鶇。

第一次近距離仔細觀賞這種性情孤僻的小鳥。小翼鶇面對著我這個怪物一點也不怕生，反而是有點好奇。常常有意無意的靠近鏡頭查看，聽到快門聲才離開。

秋光水色，小鳥依人，正陶醉在這吉光片羽的邂逅中，突然天空傳來粗糙的「嘎噠—嘎噠」聲響，水面頓時變成血紅色，四周揚起了樹葉和砂石，一架橘紅色的救難直升機從天而降，並放下水袋到水池中取水。小翼鶇也被嚇得不知去向了。

23

紫
嘯
鶇

社區位於北部山區的小山坡上，有一條清澈的灌溉水渠穿越。剛搬進來的時候住戶不多人煙稀少，這樣的地方也算是一個安靜舒適，接近自然的居住環境。

我是個夜貓子工作狂，夜深人靜是我努力創作的時候，經常工作到凌晨才上床睡覺。可是，每天剛闔上眼睛，就要進入夢鄉的時候，就聽到遠處傳來口哨聲，感覺是從水圳上游傳來，沿著水溝愈來愈近，聲音也愈來愈大。從口哨聲變成尖銳刺耳的「嘰～吱～」聲，又好像是腳踏車緊急煞車的聲音一樣，連續不斷吵得我不能入睡，附近的鄰居們也都不堪其擾。有人發現，那是一隻黑色有紅眼睛，像幽靈一樣的怪鳥，總在天色剛要亮的時候，從水源處沿著水圳一路飛停；一面發出尖銳的嘯叫聲。終於知道那隻怪鳥，有個奇特的鳥名叫作紫嘯鶇。

紫嘯鶇是臺灣特有種鳥類，叫聲尖銳，偶爾也有婉轉的歌聲，或是「戚－戚－」的怪聲音。尤其是天剛要亮的時候叫聲最頻繁。喜歡生活在乾淨的溪流、山溝，陰濕冷涼的環境。牠們常趁著天色未明的時候，沿著溪流尋找水域附近的小動物為食，是水質乾淨的指標鳥類。所以和紫嘯鶇為鄰，每天可以「被鳥叫聲吵醒」，應該也是一種幸福的人生吧。

好景不常，隨著新建大樓逐漸增加，住戶人口也愈來愈多，人聲雜沓，環境也變得相當複雜。連最後一條殘存的小水溝渠道，也為了行人安全和車輛方便進出為由，被加蓋成柏油路面，隱沒在巷弄下方。

不過說也奇怪？惱人的煞車聲依舊。紫嘯鶇每天照樣從遠方水源處，循著看不見的水溝，一路嘯叫過來，數十年如一日不曾間斷。牠們不但適應了沒有水溝的生活方式，而且開發了新的覓食行為。常常看見一隻黑色大鳥，

在人家公寓後面陽台跳上跳下，也常看見牠們站在大樓頂上唱歌。四樓鄰居的廚餘桶被翻攪得亂七八糟，養在頂樓的金魚也莫名其妙的不見了？我懷疑都是紫嘯鶇的傑作。還有鄰居發現紫嘯鶇無懼頻繁出入的人車，竟然深入地下停車場的角落上築巢。那個由泥土和雜草混合的鳥巢，共有四層重疊，可見已經連續重複使用了四次繁殖季節。

紫嘯鶇的行為動作非常特別，奔跑或停棲，一舉一動都表現出有點神經質的誇張。早期從書上認識紫嘯鶇被標示為「鶇亞科」，是鶇鳥一族的鳥類。不過現在已經改屬於鶲科。從牠的外型、動作看來，確實充滿著鶇科鳥類的行為特徵，反而覺得和鶲科鳥類有些格格不入。

畫紫嘯鶇並非想像中那麼容易。看起來只是藍紫色的羽毛，但是在不同光影下會發出無法用顏料描述的金屬色光。幾次嘗試失敗之後，終於鐵了心將失敗的作品拾回桌上，塗塗抹抹再刷刷洗洗，竟然也可以得到不錯的效果。

栗背林鴝

高山上剛把車停好就發現有鳥影蹤跡。一隻美麗的小鳥靜靜的飛來停在樹枝上。小鳥的體型不大，叉開兩隻比牙籤還要纖細的腳，撐著圓滾滾的身體，抬頭挺胸一副十分自信的姿態。是一隻栗背林鴝雄鳥。

高山上難得有如此寬闊又安靜的停車位置。山坡上除了低矮的芒草和箭竹之外還有縱橫交錯，重疊密生的高山薔薇。七月間正好也是高山花季，各種野花爭相盛開，間或穿插著幾株比較高大的褐毛柳。這隻栗背林鴝就在車停上方的柳枝上，不時抖抖尾巴。小不點的體型，披著色彩鮮豔對比的華服，露出一副不可一世的表情。跟隨栗背林鴝飛來的是兩隻雌鳥，只在薔薇叢中躲躲閃閃不敢露臉。

栗背林鴝雄鳥身穿亮麗的羽毛，深藍色的胸前和背後，有一條醒目的栗紅色環帶。既稀有又特有，是許多追鳥族眼中的明星鳥。雌鳥羽衣普通不出色，被人看到了也以為只是路邊麻雀而已。一般拍鳥人眼中，不吸睛不美麗的野鳥，不論牠是不是甚麼特有種？好像都不具有拍攝的價值。

栗背林鴝具有強烈的領域性。雄鳥常站在樹梢高處，是為了固守牠周圍的地盤。牠們勤於驅趕追逐，不容許其他雄鳥靠近。當我們看見一隻栗背林鴝飛走了不要心急，牠常常會繞了一圈又飛回來，停在原來的樹枝上，以好奇的眼光站在高處「且看你在做什麼」？

所以觀察拍照栗背林鴝雄鳥的機會較多。雌鳥羽毛樸實具有大地保護色，而且個性害羞不常出現招搖。所以我此行目標就是要拍攝栗背林鴝的雌鳥。

剛拿出相機鏡頭想要拍照，突然有兩部車蜂湧過來。只見兩位攝鳥者，抱著大砲和腳架下車欺趕過來。粗魯的動作嚇跑了小鳥，栗背林鴝飛到另一棵柳樹上。攝鳥人並不死心，扛著大砲也隨著跟上，亦步亦趨，愈追愈遠，終於不見野鳥蹤影。兩個追鳥者一陣搶拍之下似乎也有些斬獲，他們互相看著相機上的小視窗，很認真的討論剛才獲得的影像。隱約只聽到他們認真的討論：

「速度多少？每秒拍幾張？」，「解析度⋯⋯震動⋯⋯」，「眼睛銳利，羽毛鮮艷⋯⋯」。

最後竟然跑來問：

「請問這隻是甚麼鳥？」

野鳥攝影雖然也是一種藝術行為，但沒來由的只是為了滿足視覺而盲目追求影像，只會造成我們和自然環境的隔閡，徒增社會上對拍鳥行為的不良觀感。

攝鳥人看不到野鳥都悻悻的離開了。只剩我對栗背林鴝還有信心。果然不久之後，雄鳥帶著兩隻雌鳥又回來了。因為這幾株褐毛柳是附近唯一的制高點，也是栗背林鴝必須固守的地盤。

栗背林鴝
也有「落翅」
的習性。

栗背林鴝
頭部的比例
稍大，身形圓短

腳趾、爪特別
發達明顯，表示
牠們常在樹枝
上活動

25

黃腹琉璃

在一次野鳥繪本編輯的評審會議中，幾位受聘評審的鳥類、繪本專家，對書中一幅黃腹琉璃的繪圖有意見。主編轉達了專家的意見給我：

一‧動作不夠自然。

二‧黃腹琉璃的色彩有偏差。

兩點意見希望畫家改進。畫家傻眼了。

我的野鳥生態繪畫，基本上都是參考自己拍攝的野鳥照片。畫中野鳥的一舉一動都要求和原始照片維妙維肖，一鱗一爪也講求纖毫畢露。活生生的野鳥生態攝影，複刻為野鳥生態繪畫，何來「不夠自然」的問題呢？我提供了原始的野鳥攝影作品，請問專家們，甚麼才是「自然」呢？

至於色彩偏差倒是事實。同一件受光的物體，在不同的時間和環境中，甚至於不同的眼睛所見和相機所得，都會呈現不同的色彩上的差異。

「要畫出黃腹琉璃的固有色。」專家說的意見似乎很具體。

「你畫的鳥色調太偏『紫』，應該更『藍』一點。」

「甚麼是『固有色』？請給正確的色彩數據。」我提供標準色票，要求指定更精確的顏色，才能據以改進。當然也是給了專家們一個無法解釋的難題。

結果不出所料，專家們大概也是拿不準甚麼才是「固有色」？最後終於沒意見通過了。

藝術不是藝之以術的技藝和技術。藝術行為也不能用邏輯理論來分析。藝

術作品也是不能用科學數據加以分解描述的。若是把一件作品，用方法、原理、邏輯來拆解或分析，就像是「七寶樓台，拆散了不成片段」一樣。

黃腹琉璃雌鳥和雄鳥羽毛顏色差異很大，雄鳥胸腹部橘黃色，頭背部是藍黑色羽毛。問題就是在這身藍色羽毛，在光線充足的明亮處，會發出藍色琉璃一般的色光。若加上環境色彩和晨昏色溫的變化，藍色羽毛中就會透射出許多細微的光暈效果。我們說的琉璃藍色只是概略的形容詞，如果仔細分析這些光暈，其實都隱約透著紅、黃、藍、綠……等，各種色彩的光輝。這種光輝色又叫做「色光」。

「色光」雖然變化多端，但是在自然環境中還是能見而常見的。可是，「色光」在繪畫上卻是一種無法捉摸的顏色。不但現有的水彩顏料中找不到發光的顏色，也無法在調色盤上調配出恰到剛好的色彩。繪畫上用顏料塗色，可以畫出色彩卻無法畫出色光的效果。

為了想要畫出黃腹琉璃身上那種複雜的、泛琉璃的藍色光，我嘗試用各種顏料和方法都宣告失敗。好幾次在畫不成的部位上，用水洗掉再重新上色。在洗洗刷刷的過程中，總會有一些洗不掉的色彩殘留在紙上。仔細看那種若隱若現又互相重疊的光影，不就是我想要表達琉璃色光的效果嗎？

原來各種顏料經過水洗後，剩下小顆粒狀態殘留在紙上。各種顏色顆粒透過光的反射，進入我們的眼睛，在視網膜裡融合混色，就可以產生琉璃色光的視覺效果。

26

臺灣白眉林鴝

中海拔山區有一條有名的賞鳥步道，沿路布滿了各種粗細不同的水管，所以又被稱為水管路。雜亂的水管像萬蛇攢動一樣，從水源地往下游方向架設。水管路一邊是山壁，另一邊是山谷。兩旁都是高聳的溫帶闊針葉混合林。

開著車在海拔二千公尺的水管路。由於不久前剛下過雨，闊葉林帶潮濕悶熱，沿途多處坍方，道路泥濘，車輪經常打滑，還有不少倒木橫亙，行車十分困難。顛簸行車不但要有性能優越的四驅車，駕駛者還需要有冒險犯難的精神。此行純粹是尋鳥、賞鳥和拍鳥。

早在那個沒有網路的時代，鳥類資訊十分封閉，想要攝影野鳥都要事先了解鳥類生態和牠們的生活環境，再去目標鳥類可能出現的地方碰運氣。此行雖然沒有特定的目標，只想看看在這種環境裡會遇到甚麼鳥類？但是心裡卻盼望能夠看到白眉林鴝。

提起白眉林鴝幾乎沒人知道。不但我沒見過，就算是老鳥友也沒幾個人見過。大家都只是在圖鑑上討論。因為這種鳥生活在高山森林裡，體型小，生性隱密又罕見稀有。加上牠們外表不漂亮，看到了也懶得拍照。缺乏圖像參考，繪圖也是窒礙難行。

林道上開車走走停停，顛簸中一路左顧右盼尋找鳥蹤。突然發現靠近山谷的路旁，架設著一長串的捕鳥網，綿延大約將近有三十公尺，而且還看到不少野鳥正掛在鳥網上掙扎。

「有人在抓鳥？」

一時義憤填膺，取出車上備用的開山刀想要拆除這些鳥網。

正要動手的時候，林道另一邊的樹林中傳來窸窸窣窣的聲音，一個戴斗笠面目兇惡的大漢，手持一把大砍刀出現了。應該就是架設鳥網的主人。

深山野嶺中，兩個意圖相反的男人持刀對峙，氣氛非常尷尬。

「我是鳥會的，在做繫放，你哪裡？」他表示架設鳥網的正當性。

原來是鳥會專家在進行繫放調查。

老兄語氣稍緩並鬆開了砍刀，我也把刀尖下垂，至少表示我無意為此拚命，還善意的表示願意幫忙繫放。

鳥網上的收穫還真不少，白耳畫眉、冠羽畫眉、竹鳥……等，其中有一隻看起來像是栗背林鴝雌鳥，但是又有差異。白色眉斑很明顯，應該是一種我不認識的野鳥。猛然想起白眉林鴝，不就是長得和栗背林鴝雌鳥很相似嗎？

踏破鐵鞋無覓處，白眉林鴝竟然就在指掌間。千山萬水求之而不可得，放飛之前要趕緊先拍照，測量、記錄……。這才感覺不對勁？老兄所用

繫放的腳環，竟然只是一般彩色塑膠吸管？而且整個過程都沒有任何登載記錄？

「當然是受騙了！」

這可不是甚麼鳥會的繫放調查，應該是違法設置的捕鳥網。

我不敢聲張，寶貝似的握著白眉林鴝，仔細拍照並簡單速寫描繪記錄，再有不捨也還是將到手的野鳥放飛了。

回家檢視拍攝的正片，確定是一隻白眉林鴝的雄鳥。和圖鑑中雄鳥顏色差異很大，被捕獲的雄鳥藍色比較飽和。能用第一手資料當作繪圖上色參考，心中感覺相當踏實。

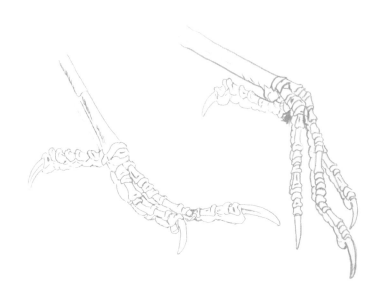

27

臺灣藍鵲

自從解嚴以後，陽明山地區不再有神祕的眼神，盯著路人的一舉一動。褪去了恐怖戒嚴的圍牆，這個設備完善的公園，一下子變成膾炙人口的地方。泡溫泉、烤肉、唱卡拉 OK、按摩、打坐、吸收芬多精……，各式各樣奇怪的休閒活動也都來了。有了人潮，也吸引各式攤販進駐。清粥小菜、烤香腸、烤玉米、甜不辣……。各種吃喝玩樂的花樣充塞公園各個角落。有了人潮，就有垃圾。很不幸，連臺灣藍鵲這種美麗的特有種鳥類，也受不了誘惑。

陽明山公園傳來了藍鵲築巢的消息。一群臺灣藍鵲就在公園裡的籃球場和游泳池之間，在眾目睽睽，人來人往的小徑上方築巢。

我帶著小女兒來到公園，想要觀察藍鵲親子育雛。畢竟是難得一見的自然事件。正要接近鳥巢的時候，我發現在附近乘涼的人，也盯著我們父女倆，臉上都露出詭異的笑容，好像等著看好戲一樣。果然走到鳥巢下方的時候，就遭到兩隻藍鵲一前一後攻擊。這時候，旁邊早已預知攻擊事件的「觀眾」，也都幸災樂禍的哈哈大笑。

臺灣藍鵲的領域性很強，尤其是在築巢期間，家族成員共同築巢育雛，共同保護鳥巢安全。任何接近鳥巢的人畜動物，都會遭到攻擊驅離。雖說是攻擊，其實也只不過是作勢威嚇一下而已，頂多是不預期的從頭後方飛來，用腳踏或用嘴叮啄一下，讓你嚇一跳快點離開而已。難怪女兒被「攻擊」以後，還說要再來一次。

經過幾次「被驅離」以後，我們也在鳥巢附近，選擇一處石桌椅坐下，加入了看好戲的行列。

大約有七隻藍鵲成鳥，來來回回輪流孵蛋和擔任護衛。鳥巢附近往來的人

數眾多，好戲也不斷上演。只要被藍鵲看不順眼的人，都會遭到攻擊，有的驚呼連連，有的落荒而逃，早晨的公園平添不少歡樂的笑聲。

這時候，步道遠處緩緩走來了一位老婦人，頭髮灰白的婦人慢慢走到紅楠樹下，擔任警戒的藍鵲也站定了攻擊位置，觀眾們也預期有好戲就要登場了。老婦人慢慢走到鳥巢下方，一隻藍鵲也從高處，從婦人後上方俯衝展開偷襲。但是不知道甚麼原因，就在藍鵲雙腳正要踏在婦人頭上的一瞬間，藍鵲突然改變主意，張開翅膀煞車，飛向前方高處樹枝上。攻擊並未得逞，幸災樂禍的好戲落空。只見老婦人停下腳步，似乎感覺有甚麼不對勁，緩緩轉頭向四周尋找一圈，也看不到有甚麼異樣？圍觀的人雖有些失望，但也要裝出若無其事的表情。只見老婦人從短大衣口袋裡，掏出一串念珠雙掌合十，向前後左右一番頂禮膜拜。大家看在眼裡，都憋著不敢笑出來。

28

烏
頭
翁

寒露剛過，是灰面鵟過境的季節。恆春滿州鄉港口橋上，一大早天色剛亮，就已經人車雜沓，都是慕名來拍攝飛鷹的鳥類攝影家。

一陣賞鷹熱潮過後，我回到了停車場。停車場位置在港口溪畔，也像是一個小公園。除了一般公園裡常見的野鳥，麻雀、樹鵲、大卷尾、烏頭翁以外，也有候鳥藍磯鶇和紅尾伯勞。我注意到有一隻烏頭翁，正停在一輛車的後照鏡上，對著鏡面好奇的張望，並不時飛撲鏡中自己的影像。原來是正值青春期的雄鳥，以為情敵出現在反射鏡裡，於是醋勁大發，瘋狂的攻擊鏡中的影像。這是一個有趣的現象，我拿起相機記錄下這種難得的行為畫面。

正專注攝影的時候，也有拍鳥人扛起大砲小跑步過來，循著我鏡頭的方向尋找目標。他們都以為這裡有好鳥可以拍照。當發現真相以後忍不住發問：

「不過是白頭翁而已嘛，有甚麼好拍的？」

意思是說，這是常見的普通野鳥，為什麼大老遠來到天涯海角拍攝白頭翁呢？

「是烏頭翁，不是白頭翁。」我淡淡地回答。
「不就是白頭翁嗎？哪來的烏頭？」他語氣變得保守。
「有甚麼不一樣嗎？」
「一黑頭；一白頭，生活領域不一樣。」

只是一個普通的常識，我懶得多做解釋，怕傷了這些野鳥攝影達人的自尊心。

烏頭翁也因為人多攪和，離開後就不再回來。

從前聽過一則有創意的寓言故事：

非洲的斑馬族分為黑白族和白黑族，兩族因為「皮膚顏色」不同而互不往來，並且互相爭鬥不休。斑馬不都一樣是黑白顏色嗎？故事的寓意是說天下本無事，庸人自擾之。

可是在臺灣的野鳥世界裡，確實存在著同樣的黑白鳥事。

烏頭翁和白頭翁同是鵯科鳥類。烏頭翁頭頂黑色，嘴角邊上有一小點橘紅色痣斑。白頭翁頭頂有一撮白毛，除此之外，兩者食性和生活習性都相同，體型、體色也有百分之九十相似度，乍看之下總會讓人有撲朔迷離的感覺。更令人費解的是，他們在臺灣生活的領域，竟然也是楚河漢界，南北涇渭分明。烏頭翁只侷限分布在花蓮、臺東、屏東的濱海地區，而白頭翁卻席捲臺灣北部、中西部大部分地區。

自然環境中，不同種生物族群分布，會受限於海拔高度、緯度、高山、海洋，以及生物本身適應力和擴展條件……等，不同的因素交錯互相影響，形成生物族群的地理分布。但是臺灣地形除了中央有高山之外，實在看不出，這兩種鳥類是依據甚麼條件，把生活領域畫分得如此清楚？

多年來的田野觀察，偶然發現鳥類和人類的生活息息相關。人為開墾經營過的地區，野鳥可見度會比較高。人類社區有菜園、果園、公園、花園……，生產蔬果，也製造垃圾孳生昆蟲。雜食性的鵯科鳥類，只要依附在人類社區附近，肯定有吃不完的食物。

臺灣東部海岸花蓮以北有清水斷崖，西部屏東楓港以南也有部分無人居住
的區域，形成白頭翁無法向南，烏頭翁不能往北發展的現象。

所以，從臺灣人文發展上，似乎可以解釋這兩種鳥類，何以長久以來無法
交叉分布的原因。

科學家們汲汲營營研究鳥類，也不要忘了野鳥和人類唇齒相依的關係。

29

五色鳥

色彩多樣斑斕又鮮艷，動作不甚靈活，繁殖期間曝光率高。五色鳥讓一些所謂「生態」攝影者成就許多美美的作品到處發表。

最早認識五色鳥是在北部的大屯自然公園。一隻膽大妄為的五色鳥，竟然在公園空地上，選擇一棵豬腳楠，在樹幹上挖了一個巢洞，並大大方方的來回進出巢洞，同時也吸引了許多鳥類攝影家前來攝影。這些專家們在樹洞前方，用三腳架卡著一個最佳攝影位置，架起大砲鏡頭對準巢洞口，調整好光圈速度以後，就等在相機旁閒聊。

不久，一隻色彩斑斕鮮艷的五色鳥，啣著滿口食物出現了，先在距離洞口約十公尺外的另一棵樹枝上停留觀望。雖然家門口圍了一圈奇怪的人，但是回巢並沒有阻礙，於是表演開始。先直線飛抵樹洞，攀附在家門口。這時候相機快門聲「喀嚓—喀嚓—」響個不停，攝鳥人看都不用看視窗，只顧按下快門。五色鳥稍作停留，好像是說：「拍夠了沒有？」然後一頭鑽進洞裡，把食物餵給雛鳥，清理巢穴，叼出一些碎屑垃圾，再啣著雛鳥糞便探頭出來，看看一切如常，然後飛出巢外。攝鳥人如釋重擔，等待下次餵雛重複再表演一次。

「原來，野鳥攝影就是這麼簡單？」我簡直不敢相信。

當時小學四年級的兒子，正要寫野外觀察報告作業，趁大好機會帶他來到現場。幾番「觀察」之後，他也想要攝影。我把位置讓給他，只等五色鳥回來。全然不懂「生態，不懂攝影」的小屁孩，只用一根指頭按下快門，每秒六張，張張都是精彩的「野鳥生態攝影」作品。除了好交學校作業以外，還去參加校外攝影比賽。竟然還得了個「生態攝影組」的「優選」獎。

我拍攝野鳥，主要是取得影像，當作野鳥生態繪圖參考。要畫野鳥必須認識野鳥，要認識野鳥，也一定要認識野鳥生態和環境。而野鳥攝影也是觀察野鳥生態的最佳工具。從攝影過程中，盡可能地去了解記錄野鳥的生態。

根據觀察筆記，五色鳥帶回巢的食物葷素不拘，有蜥蜴、蜈蚣、蜂、甲蟲之類，也有構樹、紅楠、莓果……等素食。這也說明牠們和低海拔闊葉林環境，有著密切的關聯。

五色鳥選擇枯木鑿洞為巢，雖然不是「非梧不棲」這麼挑剔，但也不是所有枯木都可以宜室宜家。根據我的觀察筆記，巢洞的方位、枯樹的年份、傾斜的角度似乎都不是必要的條件，唯一講究的是，直立的枯樹幹，進出門戶前面必須淨空。五色鳥不講究飛行技巧，不善於迴旋穿梭，所以巢洞前一定要有個方便進出的空間。為了攀立在直立的枯樹幹上築巢，牠們的趾爪和啄木鳥一樣二、三趾朝前，一、四趾朝後，形成「對趾足」的模樣。

「鷦鷯巢林，不過一枝」，現在都會區的校園、公園裡，有許多容不下一根枯木存在的理由，五色鳥將何以家為？我在臺大校園裡發現一個有趣的五色鳥窩，竟築在一條橫陳的樹幹上。臺灣諺語說「無魚蝦也好」，對五色鳥來講，橫豎都是一個窩。

30

褐色叢樹鶯

「夏天的漂鳥，到我窗前來唱歌，又飛去了。」泰戈爾《漂鳥集》。

此行的目的是要拍攝星鴉。從老遠開車到鞍馬山，揹著沉重的攝影裝備，一步一步攀爬階梯，好辛苦登上高海拔的天池，在一片華山松樹下，耐心等待。

行前，我熟讀了有關星鴉的書籍圖鑑，也諮詢了相關專家。知道星鴉和華山松，有著動植物之間不可或缺的「共生關係」。或許今天可以見證自然界中物種生存演化上，共生共榮的生存密碼。

我苦心孤詣並且找到一個好位置，打點所有可用的裝備，守候了大半天結果都無所獲。雖然野鳥攝影常常無法預期，但是此行連個鳥影也沒看見，心裡不免感到鬱悶。

剛從天池步道走下來。一隻褐色的小鳥，突然從芒草叢裡竄出來，停在一株玉山假沙梨枝幹上。是甚麼鳥？可以暫時不用理會，本能的趕快拿起手上的相機捕捉對焦拍照。

小鳥看到了我，也聽到了快門聲，不但沒有受到驚嚇，甚至無視於我的存在。面對一個面目可憎，渴望求鳥的野心家也是不理不睬。小鳥很自然的在樹叢間跳上跳下，尋尋覓覓，一番探索之後，又鑽進樹叢裡，繼續牠今天例行的旅途。

即使是一個熟練的鳥類攝影者，擁有精良的攝影機和鏡頭，面對這樣突如其來無厘頭的狀況，也只得三、四張模糊的野鳥照片。

← 尾箭鏃形

褐色業樹鶯
2005.4.15

→ 喉有縱玉斑紋

← 腳紅褐色

高山薔薇 ←

「是甚麼鳥？」

拍完照才有時間思考，這個唐突的傢伙究竟是甚麼鳥？

「不是麻雀？」當然肯定不是。
「不是朱雀雌鳥？」朱雀體型較肥胖，也不是。
「褐頭花翼？」翅膀沒有花紋特徵，應該也不是。

比較像是鶯科鳥類，從相機小視窗上也看不清楚。高海拔的鶯科鳥類有哪些呢？

「深山鶯？小鶯？短尾鶯？」感覺都不是，那就只剩下⋯⋯褐色叢樹鶯囉？

不會吧？眾裡尋她千百度，尋尋覓覓，得來可全不費工夫啊！

褐色叢樹鶯沒有絢麗的彩羽、沒有婉轉歌聲金嗓、沒有美麗倩影，又只是普遍留鳥，不稀有、不好看，也不具「瀕臨絕種」的護身符。這種鳥幾乎沒有值得被人歌頌的價值。不過，牠與臺灣人文自然環境共生共存，儼然已經演化成臺灣特有種鳥類。

野鳥已知是恐龍演化始成的物種，牠們歷經了石破天驚的淬鍊歷程，比人類更慘烈的競爭和磨練，也具有比人類更進步的生存策略。如今和人類的關係，就如同泰戈爾詩集裡敘述的漂鳥一樣。野鳥不經意的飛來，沒有喜悅；不留痕跡的離去，沒有惆悵。正是人和鳥最佳的相處模式。

火冠戴菊

在一處有養魚的水塘邊緣，我利用樹枝草葉搭建一個可以容身的隱蔽處所。在水塘中插上一根竹枝，進入掩蔽空間，將鏡頭對準竹竿頂端，設定好相機焦距、光圈和快門、速度，就這樣好整以暇的等待拍攝野鳥。不一會兒只聽到「唧—唧—」清脆的鳥叫聲，一道青影掠過水面。我不須要盯著鏡頭，只要輕輕按下快門，精美的翠鳥影像，就這樣輕易到手了。

同樣手法移用到高海拔山區。在一處馬路駁坎下方搭好偽裝帳篷，將一干裝備都移到帳篷裡面。架好相機和鏡頭，目標正前方一棵冷杉頂端，調整好相機攝影參數，就等待目標鳥上門。

高山生活環境嚴苛，風起雲湧氣候變化多端。漫長的等待中，時間隨著光影游移。終於在雜亂的冷杉樹林有了動靜。

「機會來了！」

火冠戴菊鳥的身影，在濃密的高山薔薇裡忽隱忽現。攝影者並不急著移動鏡頭追蹤野鳥，還是不動聲色的在偽裝帳裡，望著冷杉的尖端。火冠戴菊鳥跳上跳下，沿著層層枝葉慢慢向上移動，最後終於站上了冷杉頂端。一切就如攝影者所料，就如同拍攝翠鳥一樣，只要輕觸快門，一幀一幀精彩的野鳥生態攝影畫面，就進入儲存設備中了。

有一陣子我常用「拍攝翠鳥和火冠戴菊鳥」為例，和攝影同好們討論有關「生態攝影」的議題。

「野鳥生態攝影真有這麼簡單嗎？」
「這樣攝鳥符合生態保育的原則嗎？」

「藝術含量有多少？」

「每秒拍攝幾張？解析度？後製？」

討論中有人從攝影技術，有人從藝術表現，也有人從生態保育……，種種不同層面角度來發表意見。而我個人覺得，無論從甚麼觀點切入，攝影所得終究只是一張平面影像，或是終端機上顯示的數碼。我們不應該膚淺的只在乎這紙單薄的影像美不美？生不生態？用甚麼相機？怎麼拍的？這樣膚淺的討論。應該擴大延伸影像拍攝的前因後果。拍攝過程，攝影者的心態，畫面表達的涵義，傳播影響的種種層面。

翠鳥又叫做魚狗，以捕魚吃魚爲生。有翠鳥出沒的地方一定有水域，水中肯定有魚；水裡有魚代表水質乾淨。畫面中有水、有鳥、有魚，

背後還有悠閒拍攝野鳥的人。一幅翠鳥的攝影作品，就可以延伸出環境多樣的涵義。

一隻頭頂上戴著火焰的美麗小鳥，孤單的站在冷杉樹梢上。畫面雖然清爽美麗，得來也全然不費工夫。但是攝影者深入了解野鳥出沒的環境，觀察牠們生活的作習，了解不同野鳥吃住、行動和育樂的習慣。從拍攝過程中，認識了鳥與人居住的地理環境，和鳥與人之間可以互相依存的模式。簡單的畫面，也傳達了天人合一的境界。

一幅用心拍攝的野鳥攝影作品，可以討論的不僅僅是構圖、色彩或攝影器材精密的數據。

攝影者正確的心態和動機，才能表達作品有意義的廣度和深度。

32

赤腹山雀

曾經看過英國鳥類畫家 John Gould 繪製赤腹山雀，學名是 Parus Castaneoventris，英文名是 Varied Tit。從印刷畫片中第一眼看到這種鳥，不免從心裡感到懷疑。兩隻山雀科野鳥，紅、黑、灰、白，色彩搭配得不怎麼好看，站在類似尤加利的樹枝上，總覺得有甚麼地方不對勁？「臺灣有這種鳥嗎？」我至今還沒見過，憑什麼二百年前，遠在英國的畫家，可以這麼精確的描寫圖像？再仔細端詳畫面細節，總覺得這種野鳥在「嘴臉」部位呈現的「表情」有點怪怪的？

或許這樣的感覺有點像是雞蛋裡挑骨頭一樣，但是對於一個精確描寫野鳥生態的人來說，畫野鳥的姿態很重要，野鳥的「表情」也很重要。畫面中的赤腹山雀的嘴型和頭臉部，表現得笨笨的不是很自然。

我以為當時的畫家，沒機會見到活生生實體的野鳥，也沒有現代的影像處理技術，可提供各種野鳥圖像參考。或許當時只能看著縮小乾扁的標本作畫，畫出來難免會有點走樣，不自然的繪畫表現，應該是情有可原的。可是當我第一次在野外見到赤腹山雀的時候，才知道早期野鳥生態畫家，非但敬業勤業而且還必須具備一枝神來之筆。

有一次在北部山區，一棵山黃麻樹上拍攝紅山椒。在一陣忙碌的取景、對焦、按快門之後，聽見小卷尾發出了命令，紅山椒們立刻集體離開山黃麻，飛向對面山谷。大批攝影者紛紛轉移目標，把鏡頭對準空中，捕捉飛翔的紅山椒。原本繽紛的舞台頓時變得冷清。仔細看山黃麻樹上還是有鳥類活動的跡象？是一種長相有點奇怪的野鳥，身上紅一塊，黑一塊，再加上灰、白羽毛，竟然就是 John Gould 畫中的赤腹山雀。

第一次在野外看到赤腹山雀，除了興奮拍照之外，從鏡頭框裡還可以清楚的看到這種鳥的表情，在嘴角和眉宇之間真的是有點不協調的感覺。為了

能夠精確描寫野鳥的外型，回到工作室以後，特地用保麗龍和紙黏土，模仿赤腹山雀的外型做成一隻等身的假鳥，塗上該有的顏色。再用竹片削成鳥嘴型，安放在假鳥頭上。但是無論怎麼調整鳥嘴的位置和角度，看起來都有「不像鳥類該有」的樣子？嘴和臉之間，還是存在一種不協調的感覺。

繪圖的時候，我盡量調整構圖，安排野鳥的姿勢。畫鳥、畫毛、上色，還要掌握赤腹山雀特殊的表情和神態。

臺灣的赤腹山雀一直被認為是不普遍的臺灣特有亞種，直到最近才被正名為臺灣特有種，但依舊稀有不常見。沒想到約莫在兩世紀以前，就已經被收錄在野鳥生態畫家的囊袋中了。

島嶼・鳥嶼

作　者	劉伯樂
設　計	蘇　維
校　對	魏秋絧
社長暨總編輯	湯皓全
出　版	鯨嶼文化有限公司
地　址	231 新北市新店區民權路 108-3 號 6 樓
電　話	(02) 22181417
傳　真	(02) 86672166
電子信箱	balaena.islet@bookrep.com.tw

發　行	遠足文化事業股份有限公司【讀書共和國出版集團】
地　址	231 新北市新店區民權路 108-2 號 9 樓
電　話	(02) 22181417
傳　真	(02) 86671065
電子信箱	service@bookrep.com.tw
客服專線	0800-221-029
法律顧問	華洋法律事務所 蘇文生律師
印　刷	和楹印刷有限公司
初　版	2023 年 12 月

定價 420 元

ISBN　978-626-7243-46-6
EISBN　978-626-7243-45-9(PDF)
EISBN　978-626-7243-44-2(EPUB)

國家圖書館出版品預行編目 (CIP) 資料

島嶼．鳥嶼 = Endemic birds of Formosa/ 劉伯樂圖．文．- 初版．-
新北市：鯨嶼文化有限公司出版：遠足文化事業股份有限公司發行, 2023.12
192 面；17x22 公分
ISBN 978-626-7243-46-6 (平裝)
1.CST：鳥類　　2.CST：臺灣

388.833　112019838

特別聲明：有關本書中的言論內容，不代表本公司 / 出版集團之立場與意見，文責由作者自行負擔